创意黏土手工

巧手姐姐 暮珥 编著　爱林博悦 组编

人民邮电出版社
北京

图书在版编目（CIP）数据

创意黏土手工 / 巧手姐姐，暮珥编著 ；爱林博悦组编. -- 北京 ：人民邮电出版社，2022.4
（青少年美育趣味课堂）
ISBN 978-7-115-57948-5

Ⅰ. ①创… Ⅱ. ①巧… ②暮… ③爱… Ⅲ. ①粘土－手工艺品－制作－青少年读物 Ⅳ. ①TS973.5-49

中国版本图书馆CIP数据核字(2021)第236464号

内容提要

手工是培养青少年观察力、想象力、动手能力的教育方法之一。在完成手工作品的过程中，青少年能够提升自信心和创造能力，培养对艺术活动的兴趣。

本书围绕黏土这一常用的手工媒材，设置了16节实用有趣的手工课程，并设置了由易到难的梯度。初阶的"观察与创作篇"共有6个案例，引导孩子仔细观察事物，学习各种颜色黏土的使用技巧，创作出逼真的作品，为之后的黏土创作打下坚实的基础；中阶的"想象与创作篇"共有5个案例，鼓励孩子在还原形象的基础上，发挥想象力和创造力，做出创意黏土造型；进阶的"升级你的作品篇"共有5个案例，讲解了一些更高难度、更富技巧性的创作手法，帮助孩子开启创意黏土的无限可能。

本书案例丰富有趣，讲解清晰，拓展性强，适合作为中小学课后服务的教学内容，也可作为家庭亲子手工以及黏土爱好者的参考用书。

◆ 编　　著　巧手姐姐　暮　珥
　组　　编　爱林博悦
　责任编辑　董　越
　责任印制　周昇亮
◆ 人民邮电出版社出版发行　　北京市丰台区成寿寺路11号
　邮编　100164　　电子邮件　315@ptpress.com.cn
　网址　https://www.ptpress.com.cn
　雅迪云印（天津）科技有限公司印刷
◆ 开本：787×1092　1/16
　印张：6　　　　2022年4月第1版
　字数：165千字　　　　2022年4月天津第1次印刷

定价：49.80元

读者服务热线：(010)81055296　印装质量热线：(010)81055316
反盗版热线：(010)81055315
广告经营许可证：京东市监广登字20170147号

前言

2020年，中共中央办公厅、国务院办公厅发布的《关于全面加强和改进新时代学校美育工作的意见》明确指出：“弘扬中华美育精神，以美育人、以美化人、以美培元，把美育纳入各级各类学校人才培养全过程，贯穿学校教育各学段。”2021年，中共中央办公厅、国务院办公厅发布的《关于进一步减轻义务教育阶段学生作业负担和校外培训负担的意见》明确指出：“提高课后服务质量……开展丰富多彩的科普、文体、艺术、劳动、阅读、兴趣小组及社团活动。”

青少年的健康成长需要家庭、学校、社会的共同努力，青少年也需要独立思考、发展爱好和创新实践的平台。随着新时代学校美育迈上新台阶和“双减”工作深入推进，学校对个性化、多样化美育课程的需求不断增强，为此，我们组织了长期从事青少年美育工作的资深一线教师，策划编写了这套“青少年美育趣味课堂”系列图书，以青少年感兴趣的主题，如创意美术、手工等为主要编写内容，以期培养学生的观察能力、主动思考能力、动手能力和创新能力，在亲自实践的过程中激发艺术兴趣、陶冶艺术情操、提升审美素养，助力青少年全面发展和健康成长。

本系列图书主要有以下三个特点：

1.优选经典内容，题材新颖全面。选取青少年感兴趣或者有助于拓宽视野的内容，既包含中华传统文化，也包含当代社会热点话题，并且在案例难易程度上设置了循序渐进的梯度，让学习过程既有参与感，也有创作的收获感。

2.课时安排合理，适合课堂教学。本系列图书大部分按照16课时进行安排。所有课例均来自真实教学案例，图文对照，步骤清晰，学生能在课堂时间内完成相关学习或实践，感兴趣的同学也可以根据自己的安排进行扩展学习。

3.立体化学习体验，让学习随时展开。为了老师讲课方便，本系列中的部分图书配套了教学视频或讲解PPT。请按照书中相关指引获取和下载资源。

我们衷心希望这套图书能成为广大美育教师的案头书和青少年爱上艺术的启蒙书，让美育之花盛开在更多孩子的心中。

系列图书编委会

目录

观察与创作篇

想象与创作篇

升级你的作品篇

观察与创作篇

第1课 玉米和火龙果

难易度：★★ 建议时间：40分钟

同学们，有一种水果就像燃烧的火焰，它的名字里也有一个“火”字，你们知道是什么吗？每到秋天，你知道在农民伯伯的屋檐下都会挂满什么吗？

这节课，我们将用黏土制作像火焰一样的水果——火龙果，以及农民伯伯屋檐下挂的金灿灿的玉米。

观察与创作

同学们，你们在生活中一定见过玉米和火龙果吧！它们分别是什么形状的，都有哪些颜色呢？想一想，我们要用到哪些颜色的黏土来创作呢？

动手做一做

● 学习目标

1. 学习用黏土制作玉米和火龙果。
2. 学习用压痕工具制作条纹。
3. 学习用剪刀制作火龙果叶子的方法。
4. 了解颜色，通过上色使制作的水果更逼真。

材料准备

黏土、压痕工具、剪刀、水粉颜料、笔刷、调色盘

制作玉米棒

1 搓一个胖胖的长条形。

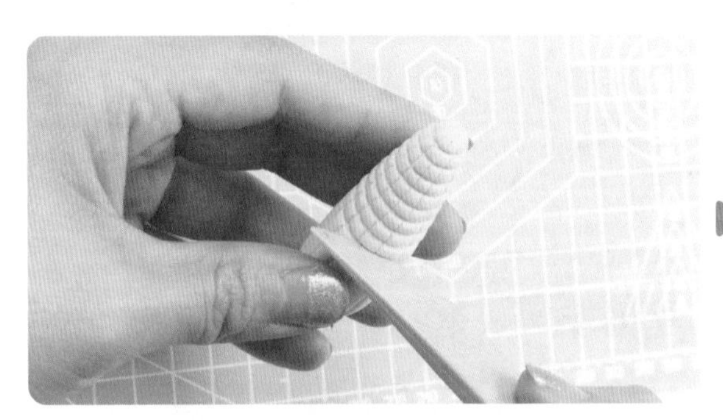

2 压出玉米颗粒的形状。

制作玉米苞叶

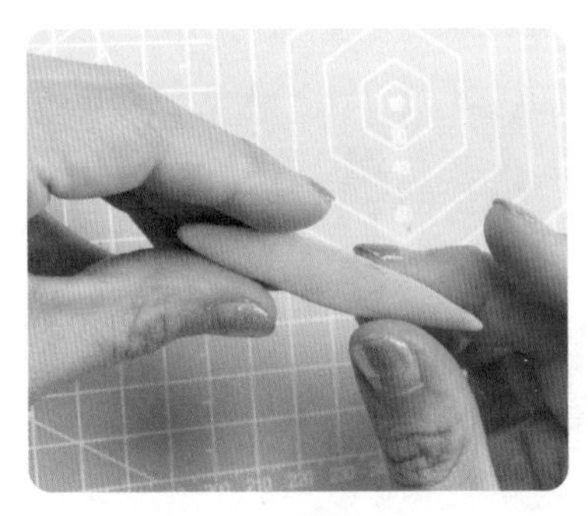

1 捏一片玉米苞叶。

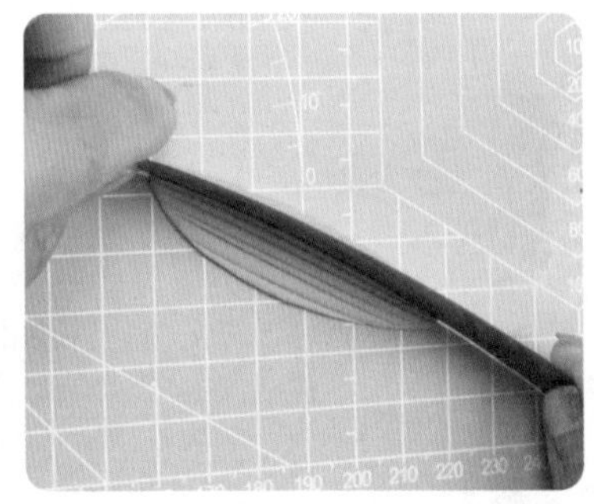

2 压出叶脉的条纹。

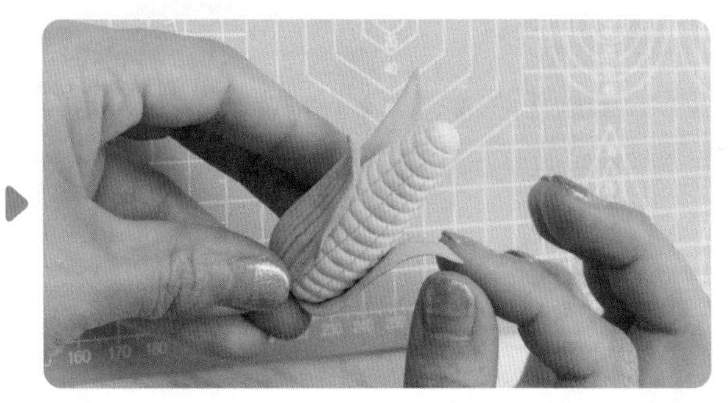

3 把玉米苞叶一片一片地粘贴在玉米上。

制作火龙果

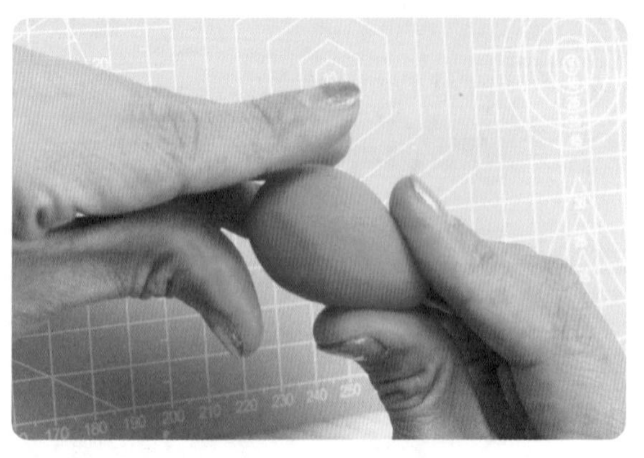

❶ 将玫红色黏土揉成水滴的形状。

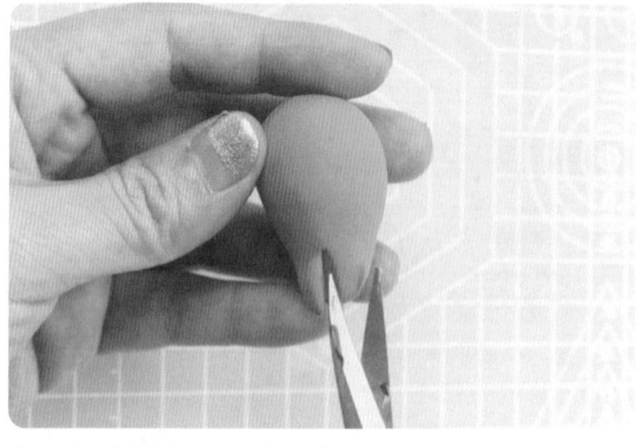

❷ 从顶端开始，剪出火龙果叶片。

❸ 调整顶端叶片的形状。

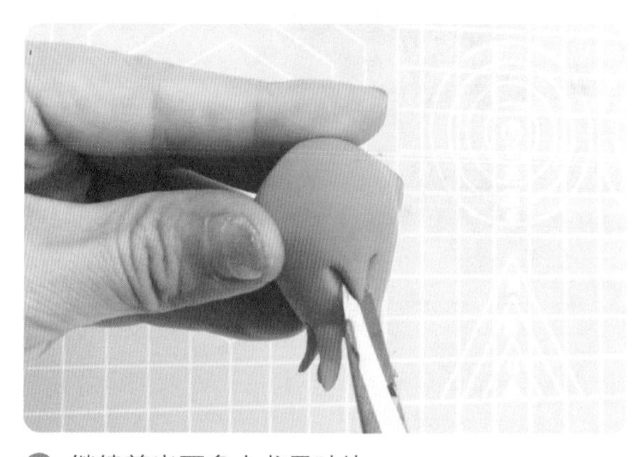

❹ 继续剪出更多火龙果叶片。

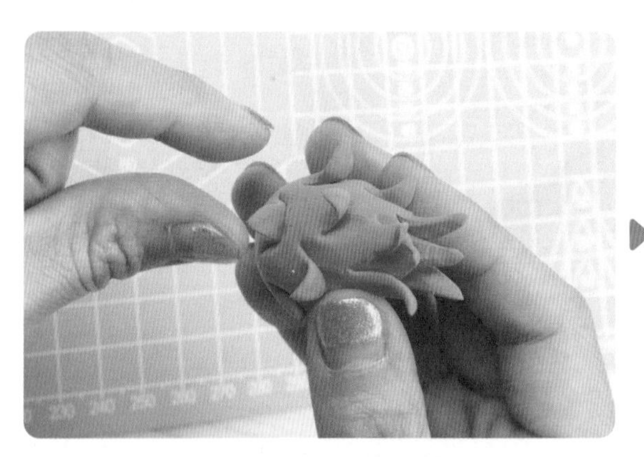

❺ 剪完所有叶片，并调整好叶片形状。

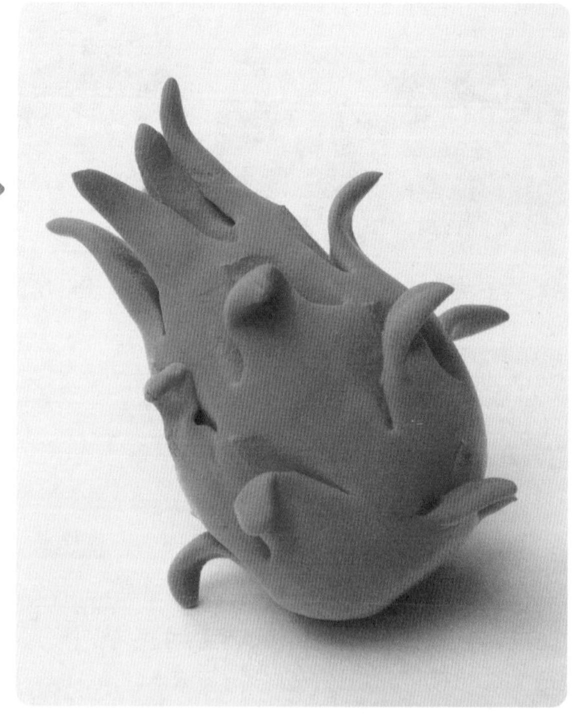

给火龙果上色

1 用黄色水粉颜料给叶片上色。

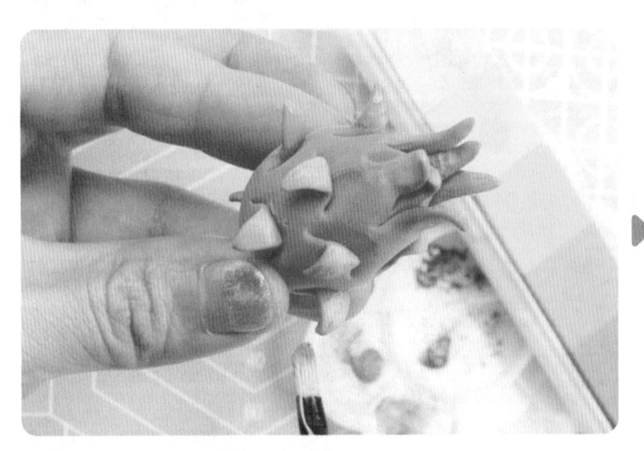

2 再用绿色水粉颜料给叶片上色。

课后想一想

这节课，我们学会了用黏土来制作玉米和火龙果。想一想，还有哪些水果或蔬菜和它们的形状差不多呢？试试用这节课学到的方法制作出来吧！

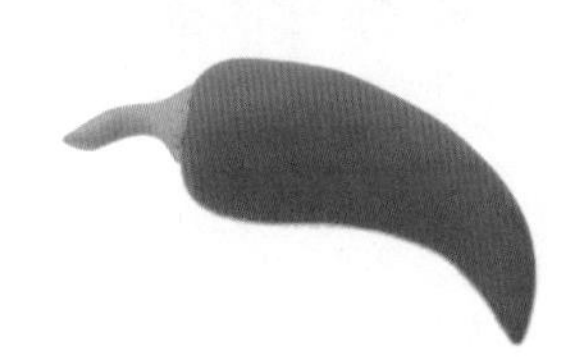

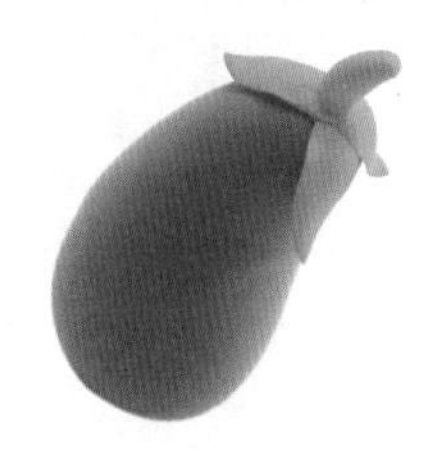

第2课 马卡龙

难易度：★★ 建议时间：40分钟

很多同学喜欢吃饼干，尤其爱吃夹心饼干。这节课我们将要制作一种不一样的夹心饼干，它不但好吃，还有五彩缤纷的颜色。这种饼干就是——马卡龙。

观察与创作

观察一下蛋糕店里的马卡龙，是不是和我们平时吃的夹心饼干形状差不多呢？它们圆圆的，中间有一层夹心。

马卡龙的颜色非常丰富，因此我们可以选用各种不同颜色的黏土。我们还可以将不同颜色的黏土混合在一起，形成新的颜色，使马卡龙的颜色更加缤纷多彩。

动手做一做

● **学习目标**

1. 学习用黏土制作不同颜色的马卡龙。
2. 学习用不同的黏土混合成新的颜色。
3. 掌握压板和七本针的使用方法。

材料准备

黏土、七本针、压板

制作红色马卡龙

❶ 揉一个圆球，将圆球压成圆饼的形状。

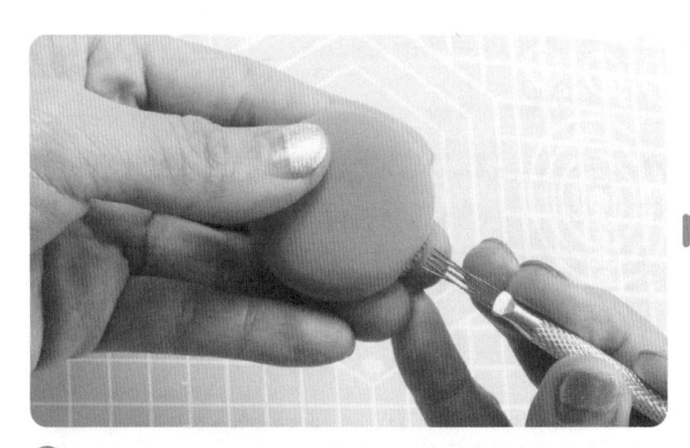

❷ 用七本针在圆饼图示位置戳出一圈花边。

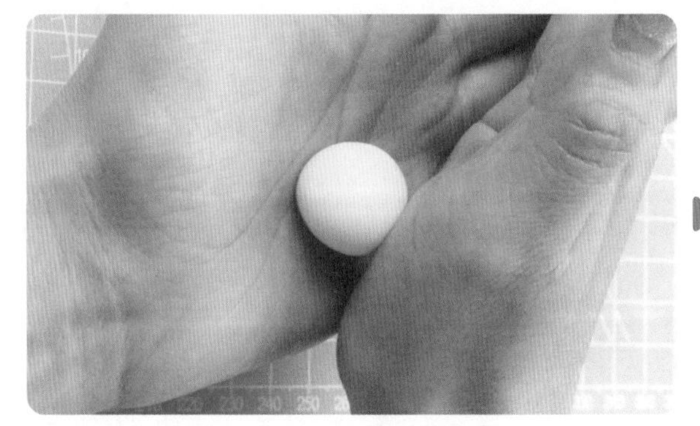

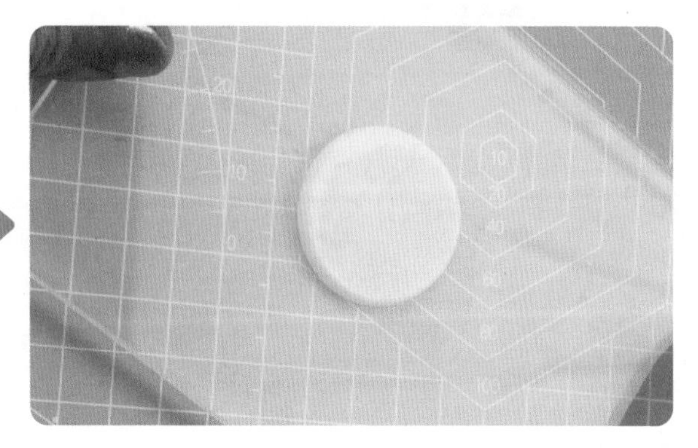

❸ 揉一个圆球，用压板将圆球压扁。

④ 将白色圆饼压在两块红色圆饼的中间。

课后想一想

这节课我们学会了红色马卡龙的制作，那如果要制作更多颜色的马卡龙，却没有可以直接使用的黏土颜色，该怎么办呢？

其实，我们只要把几种不同颜色的黏土揉在一起，就能调成一种新的颜色。按照下面提供的混色方案，你可以调试出3种不同颜色的黏土。快来试一试吧！

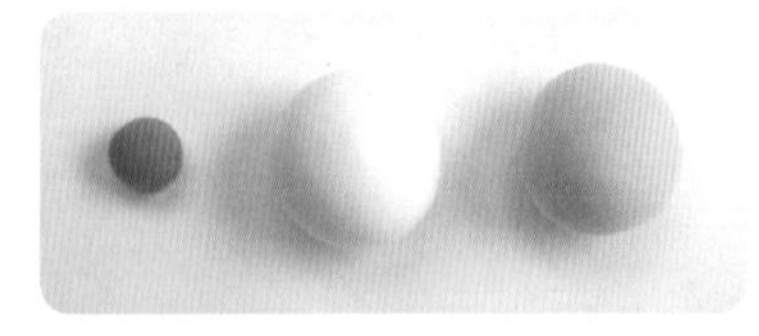

2种颜色混合，调配出粉红色黏土

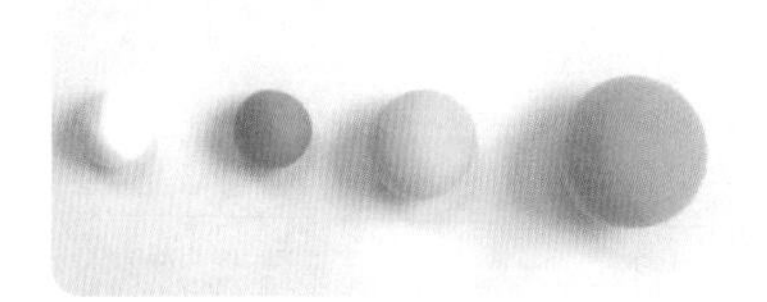

3种颜色混合，调配出淡绿色黏土

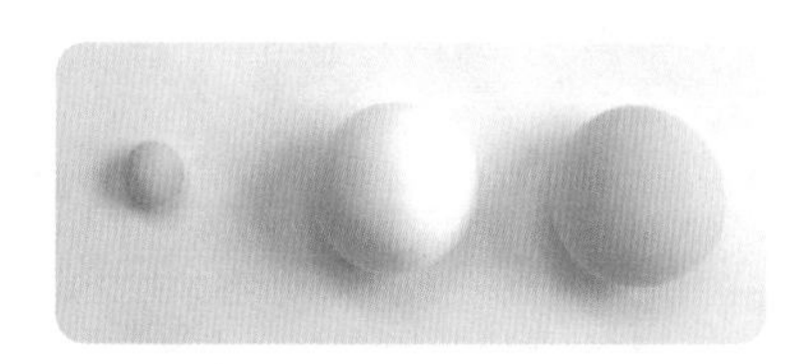

2种颜色混合，调配出淡黄色黏土

第3课 汉堡包

难易度：★★ 建议时间：50分钟

同学们，你们一定吃过汉堡包吧！汉堡包虽然美味，但是热量也很高，大家不要贪吃哟！这节课我们来学做一个黏土汉堡包吧。

观察与创作

同学们，汉堡包也有夹心层哟——两个面包片之间夹的蔬菜和牛肉就是汉堡包的夹心。从外形上看，汉堡包像不像放大了的马卡龙呢？让我们用制作马卡龙的方法赶紧试一试吧！

动手做一做

- **学习目标**

1. 学习制作汉堡包的方法。
2. 掌握羊角刷的使用方法。
3. 学习用黏土制作不同造型的食物。

材料准备

黏土、压板、羊角刷、擀棒、剪刀

制作汉堡包的面包片

❶ 揉两个相同大小的圆球。

❷ 用压板将其中一个圆球压成平整的圆饼，作为汉堡包的底部。

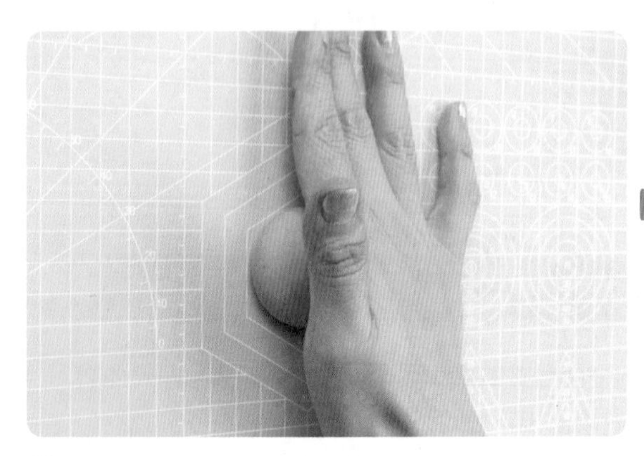

❸ 用手掌将另一个圆球压成稍扁的半球，作为汉堡包的顶部。

制作汉堡包的配菜

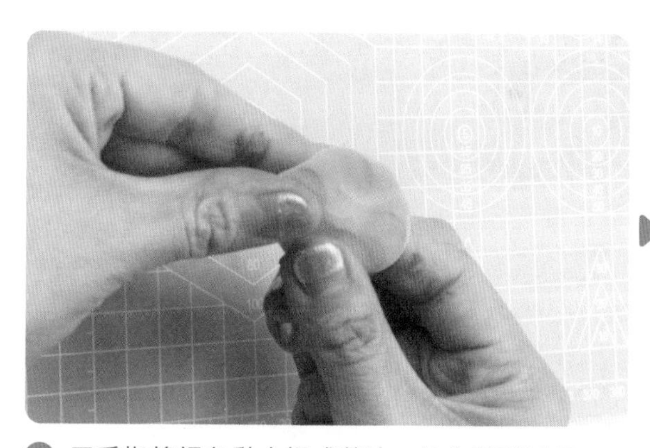

❶ 用手指将绿色黏土捏成薄片，作为蔬菜叶子。

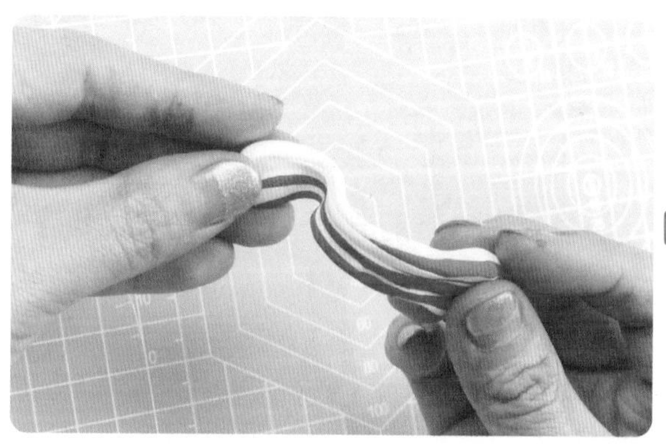

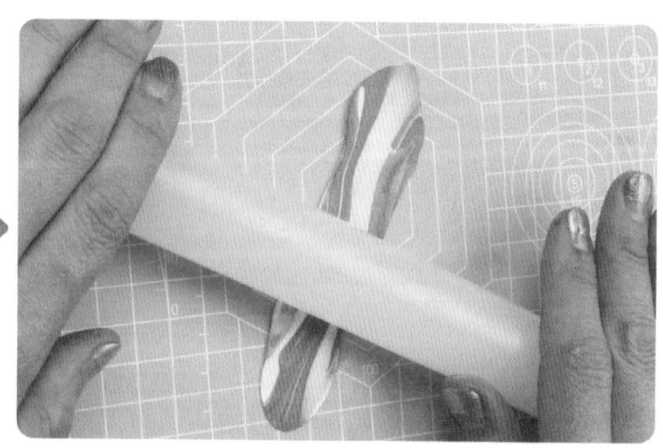

❷ 将红、白两色黏土随意混合、拉扯，做成红白相间的五花肉。

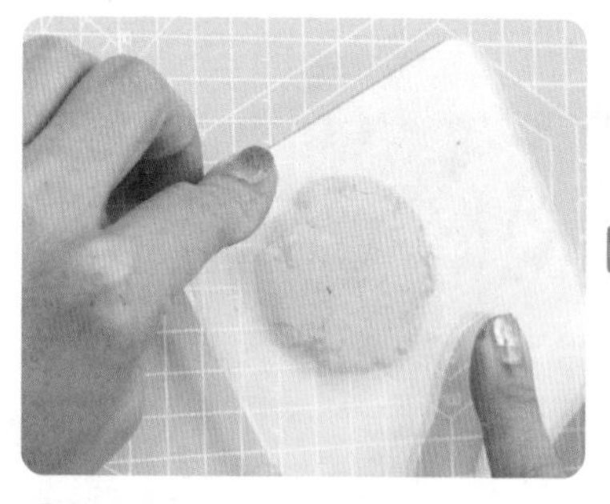

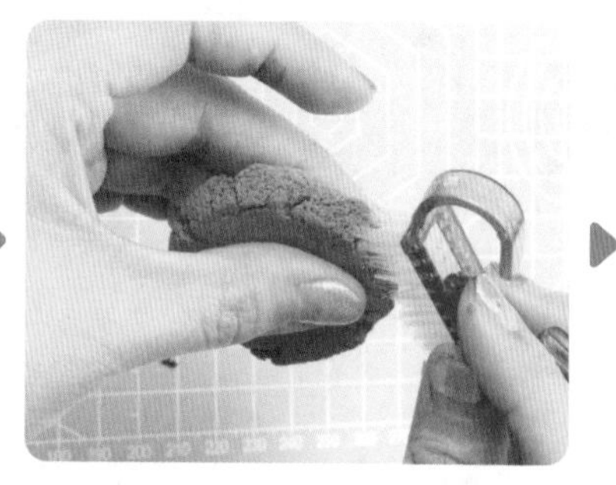

❸ 将红棕色黏土揉圆后压扁，用羊角刷在边缘处压出密集的小孔，做成牛肉。

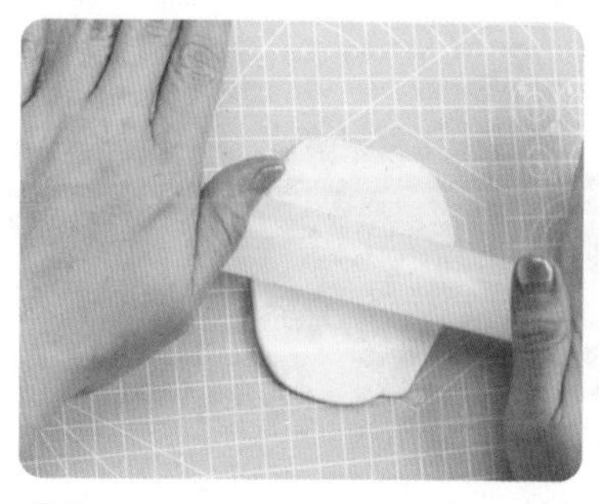

❹ 将黄色黏土擀成薄片，用刀片切割整齐，做成芝士。

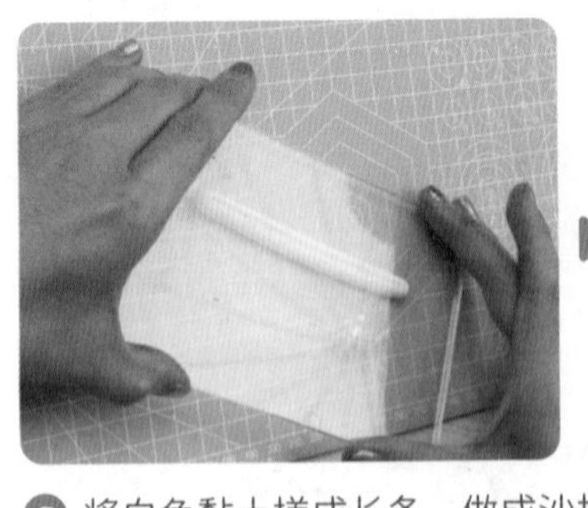

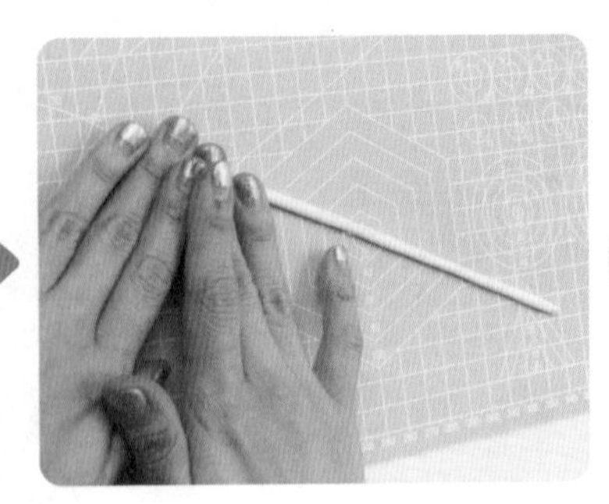

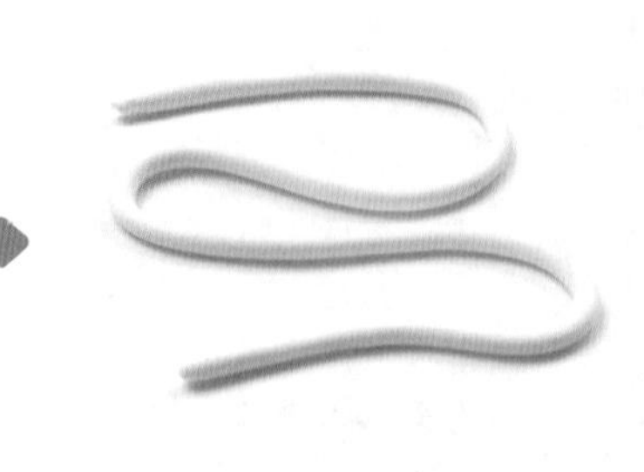

❺ 将白色黏土搓成长条，做成沙拉酱。

组合汉堡包

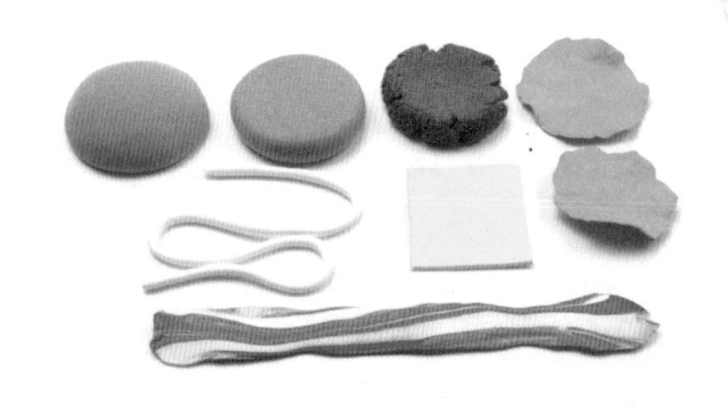

❶ 准备好汉堡包的材料。

❷ 在面包上加一片叶子。

❸ 在叶子上放一块牛肉。

❹ 在牛肉上加一块芝士。

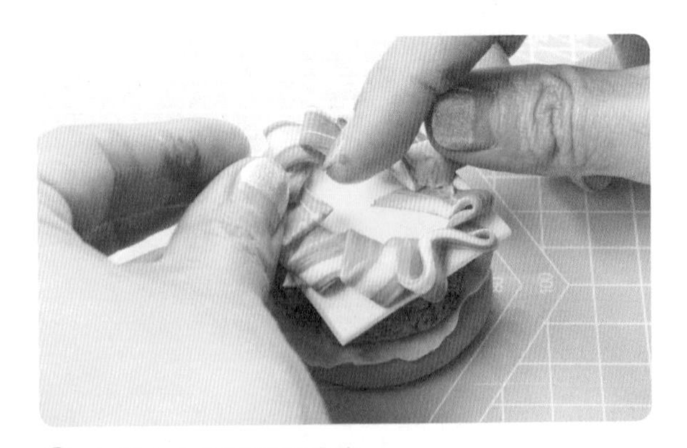

❺ 在芝士上添加五花肉卷。

❻ 在五花肉卷上再放一片叶子。

❼ 在叶子上添加沙拉酱。

❽ 盖上另一片面包。

❾ 最后撒上细小的黑色黏土作为芝麻。

课后想一想

这节课我们学会了用黏土制作不同造型的食物，并把它们组合起来做成汉堡包。想一想，在我们吃过的食物中，还有什么是要裹起来，并且也会放一些蔬菜的呢？

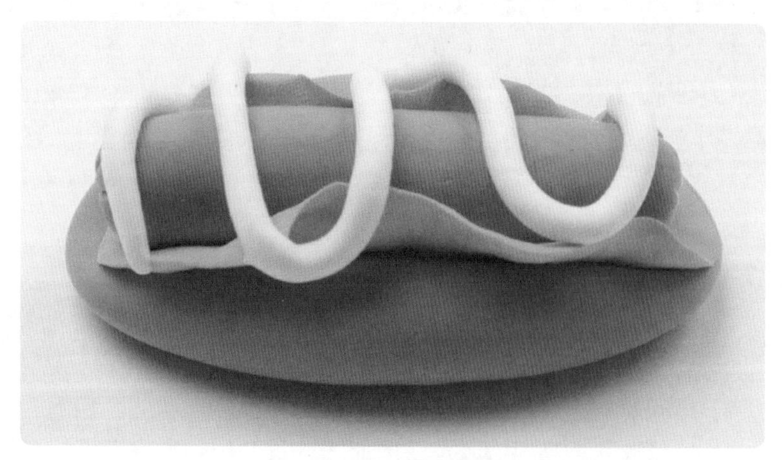

你喜欢吃香肠吗？把香肠用竹签串起来，做成烤肠或炸香肠，你一定吃过吧？其实，香肠还有一种吃法，就是把面包片、蔬菜和香肠裹起来再挤上沙拉，这种组合起来的食物也叫“热狗”。请用已经掌握的方法，制作一个热狗吧！

第4课 面包

难易度：★★★　建议时间：50分钟

同学们，你们知道面包是用什么做的吗？其实，面包、面条和馒头的制作原料都是小麦面粉。平时我们要养成节约粮食的习惯，吃面包的时候一定不能浪费哟！

观察与创作

回想一下上次去面包店，你都见过哪些形状的面包呢？它们都是圆滚滚的吗？还是也有长条形的、方形的以及三角形的？我们只要学会制作一种形状的面包，其他形状的面包也就能轻松搞定啦！

动手做一做

- **学习目标**

1. 学习不同形状面包的制作方法。
2. 掌握用压痕工具做出不同的面包造型。
3. 掌握给面包上色和添加细节的方法，使面包造型更加逼真。

材料准备

黏土、压痕工具、压板、色粉、笔刷

制作长条面包

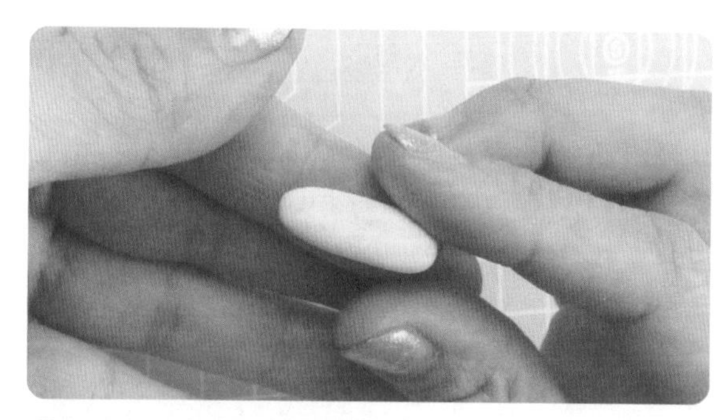

❶ 搓一个长条形状的面包。

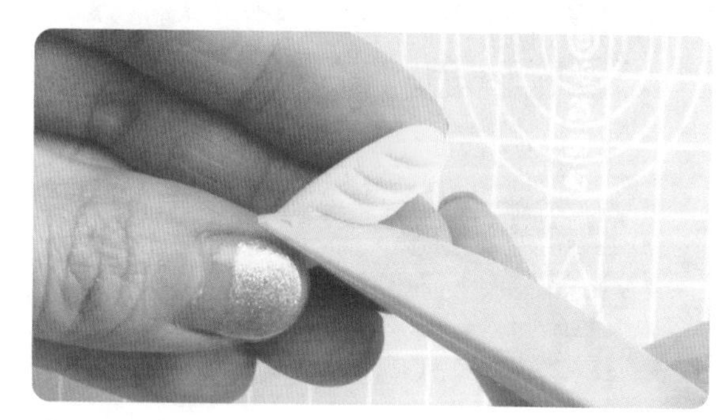

❷ 用压痕工具压出斜痕。

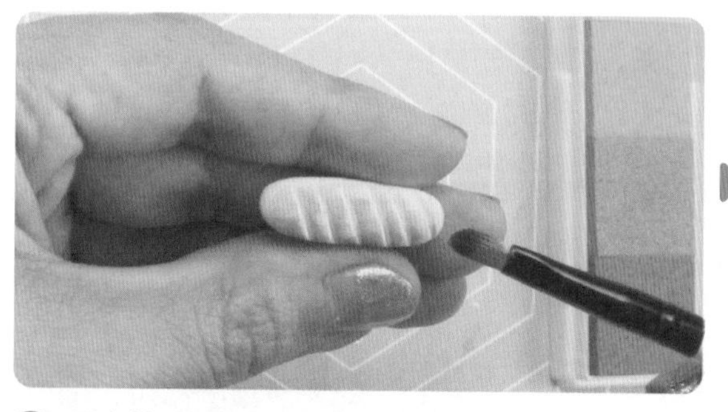

❸ 用小笔刷给面包刷上棕色色粉。

制作牛角面包

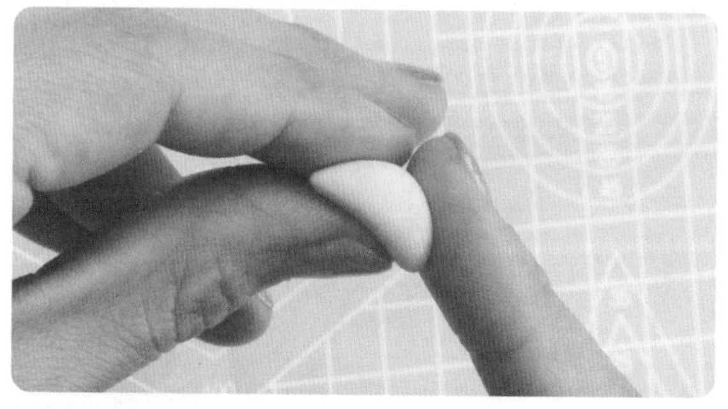

❶ 将黄色黏土捏成牛角面包的形状。

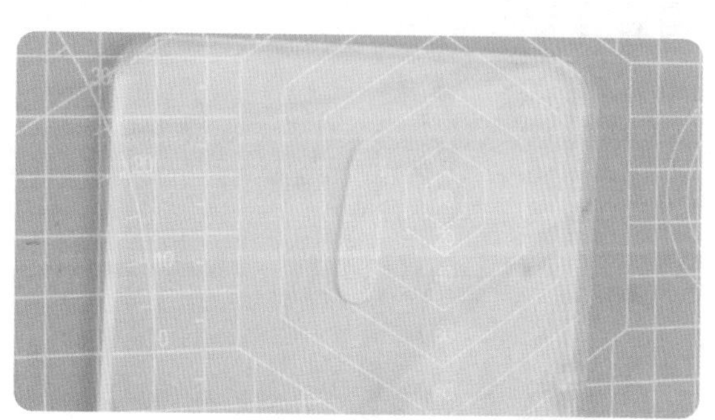

❷ 用压板将长条形黏土压成薄片。

❸ 将薄片围在做好的牛角包外面。

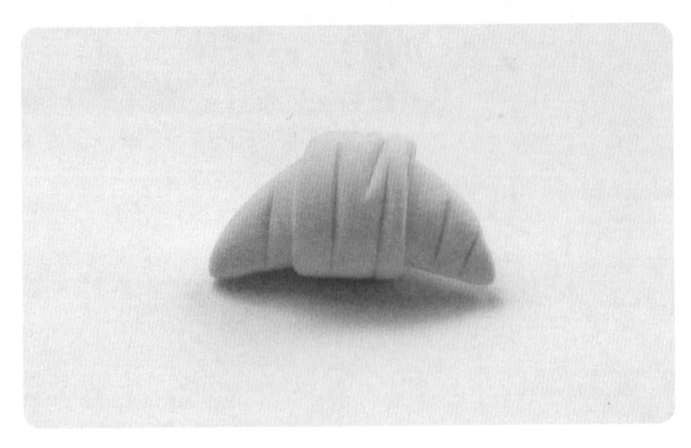

❹ 用压痕工具压出凹痕。

❺ 用棕色色粉给面包上色。

制作圆形面包

❶ 将黄色黏土揉圆并用手掌压扁。

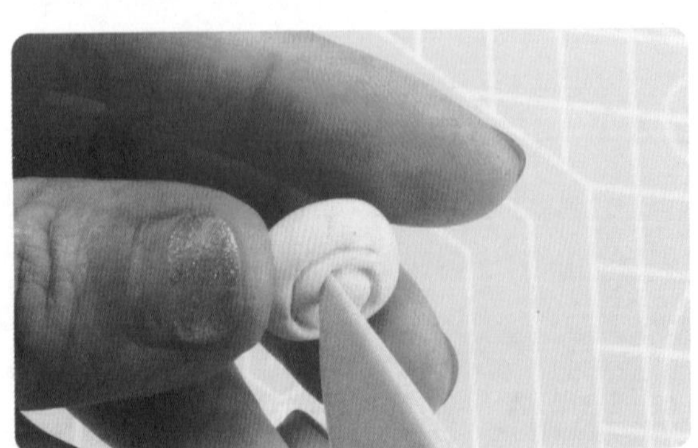

❷ 用压痕工具从中间划出凹槽。

③ 用棕色色粉给面包上色。

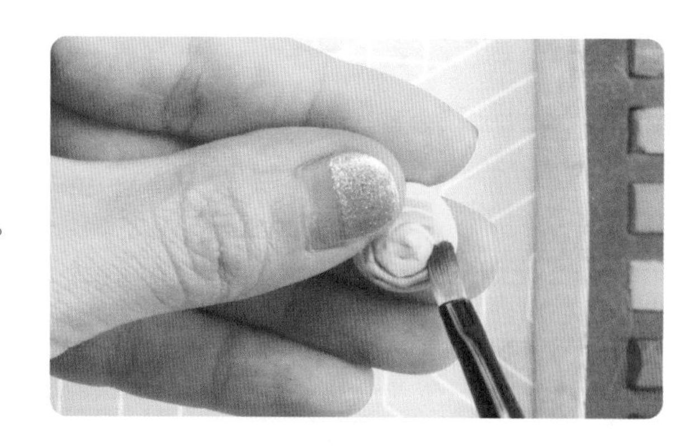

④ 用绿色和红色黏土搓一些小颗粒，并把它们撒在面包上。

课后想一想

这节课我们制作了3种不同形状的面包，其他形状的面包我们能制作吗？怎样通过不同的细节来塑造更逼真的面包造型呢？同学们可以去面包店进一步观察，选一个最喜欢的样式，用黏土做出来吧！

结合前面所学的黏土造型方法，你能做出下图中的食物吗？想一想，它们的哪些造型细节足以“以假乱真”？你想不想也来挑战一下自己呢？

第5课 玫瑰花

难易度：★★★ 建议时间：50分钟

前面几节课中，我们学会了玉米、火龙果、马卡龙、汉堡包、面包等食物的制作方法，这节课我们将学习玫瑰花的制作。

我们可以将制作的花朵送给爸爸妈妈，或者用来装点自己的卧室，让我们的家变得更加漂亮！

观察与创作

同学们，你们观察过身边的花朵吗？一年四季，各种各样的花朵在盛放，她们都是由一片片大小不同的花瓣组成的，不同种类的花朵形状和颜色各不相同。

用黏土塑造花朵造型，最重要的是掌握不同形态花瓣的制作方法，以及按照一定的方式将花瓣组合起来的方法。

动手做一做

学习目标

1. 学习玫瑰花瓣和叶子的制作方法。
2. 学习花瓣的组合方法。
3. 掌握花朵的造型方法，使其更加逼真。

材料准备

黏土、压痕工具、擀棒

制作玫瑰花朵

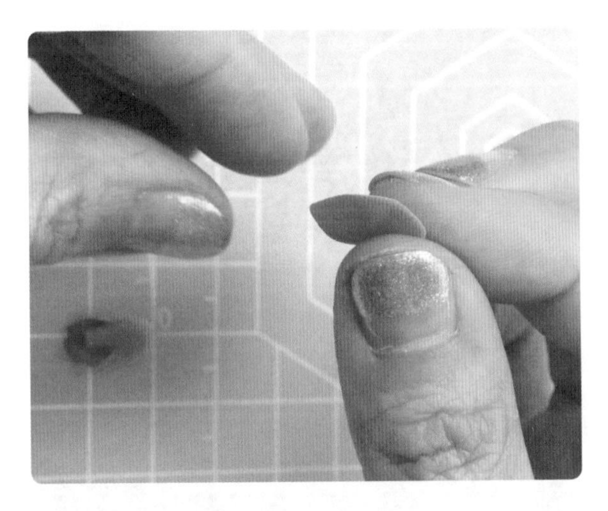

① 将红色黏土捏成大小不等的玫瑰花瓣。

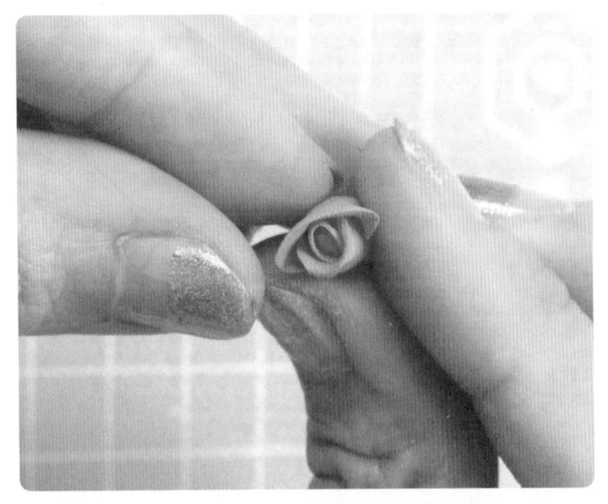

② 将花瓣由小到大、从里到外地层层包裹起来。

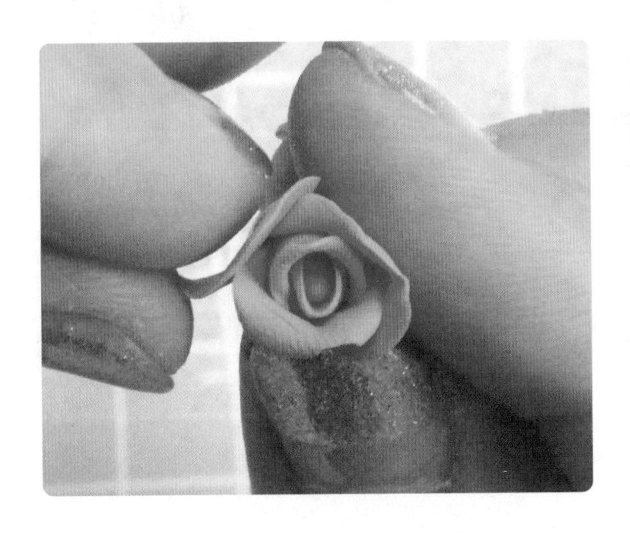

③ 将外围大花瓣的边缘稍微向外弯曲。

④ 继续包裹花瓣并调整花朵形态。

制作玫瑰叶子

❶ 将绿色黏土捏成叶片形状，并用压痕工具压出叶脉。

❷ 将叶子粘在玫瑰花的底部。

课后想一想

同学们可以在花园或公园里，观察一下哪些花儿正在开放，是不是既有盛开的，也有含苞待放的？拍几张照片，回家制作一些漂亮的花朵吧！

第6课 仙人掌

难易度：★★★　建议时间：60分钟

很多人都喜欢花园里或阳台上养几盆仙人掌。同学们，你们的家里有仙人掌吗？仙人掌的种类很多，你最喜欢哪种呢？这节课，我们将一同来制作3种不同的仙人掌盆栽。

观察与创作

仙人掌形态各异，有圆柱形、椭圆形、圆片形、球形等等，仔细观察一下每种仙人掌的外形特点，把细节表现出来，我们制作出的仙人掌一定会很漂亮！

动手做一做

• **学习目标**

1. 学习制作3种不同的仙人掌。
2. 掌握制作花盆的方法。
3. 熟悉不同工具的使用方法。
4. 掌握不同颜料的上色方法。

材料准备

黏土、勾线笔、细铁丝、细节针、压痕工具、长刀片、丙烯颜料、色粉、笔刷、调色盘、白乳胶、小石子

制作花盆

❶ 将黑色黏土揉成圆球后，用压板调整出一个圆柱体的形状。

❷ 将黑色黏土压扁后，切成比圆柱高一点的长方形黏土片。

❸ 将黏土片围在圆柱体外面。

❹ 用细节针在花盆上戳一些小洞。

❺ 在花盆外面刷一层白色丙烯颜料。

❻ 用相同的方法再制作两个小一点的花盆。

制作第1种仙人掌

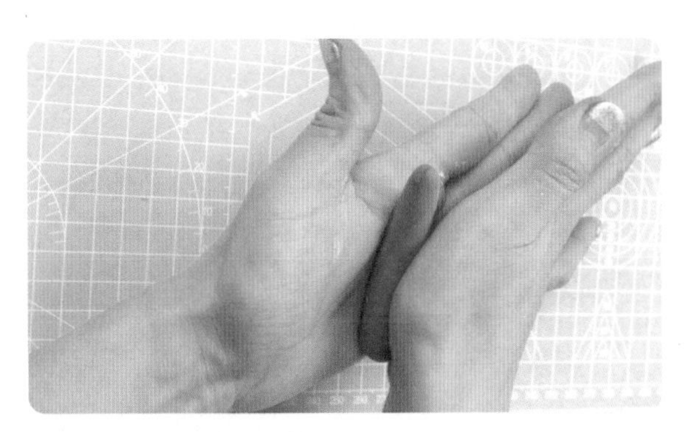

❶ 将绿色黏土搓成长条。

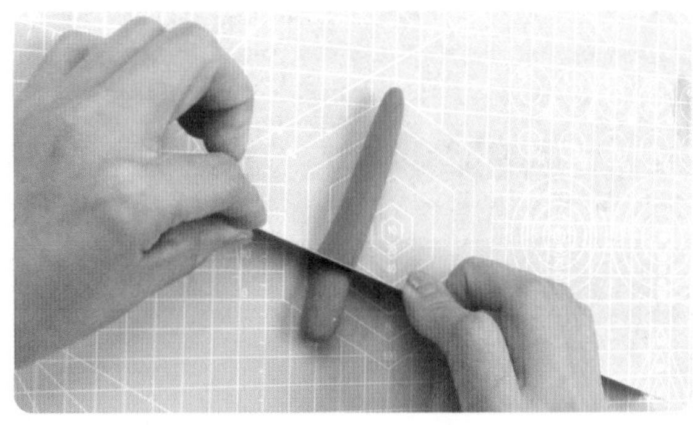

❷ 用刀片把底端切平整。

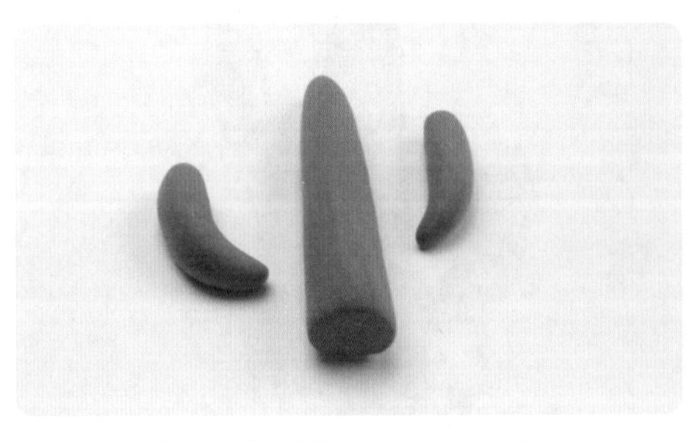

❸ 再搓一些小长条，调整成弯曲的水滴状。

❹ 用压痕工具压出纹路。

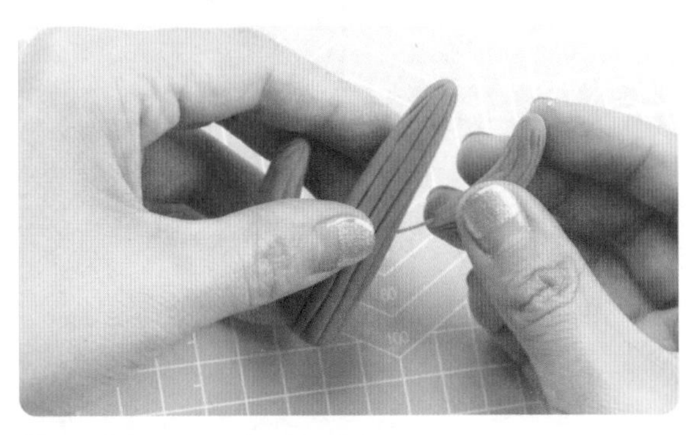

❺ 用细铁丝把仙人掌组装起来。

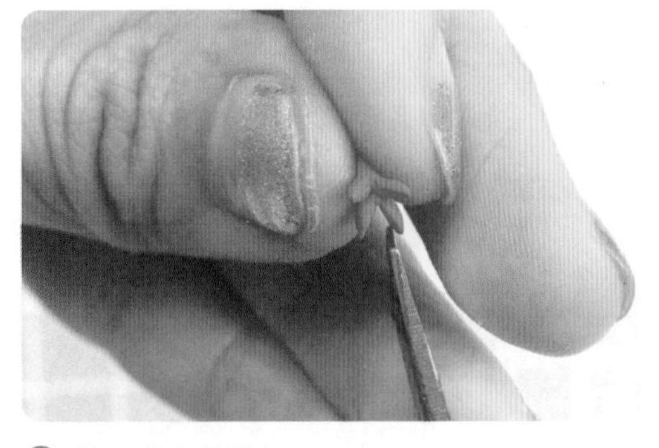

❻ 做一朵小红花。

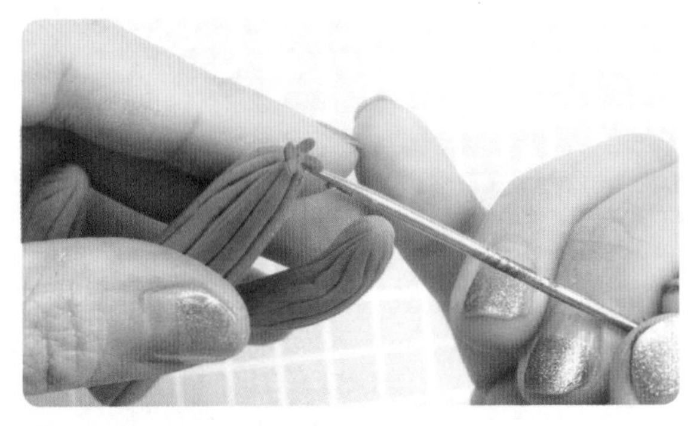

❼ 将小红花装在仙人掌顶部。

❽ 给仙人掌涂一点粉色。

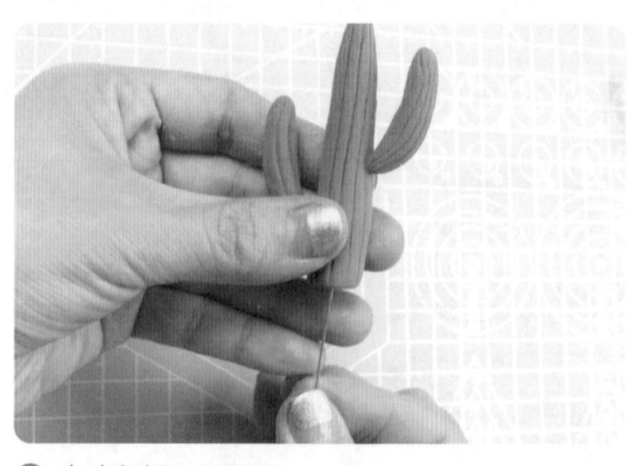

⑨ 在底部插一根铁丝。

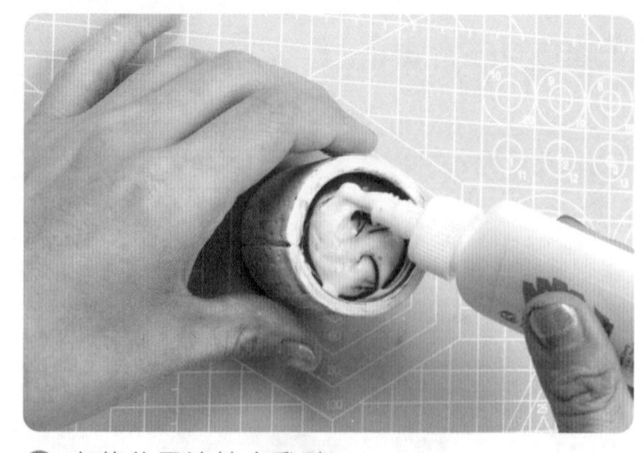

⑩ 在花盆里涂抹白乳胶。

⑪ 撒上小石子。

⑫ 把仙人掌插进花盆。

制作第2种仙人掌

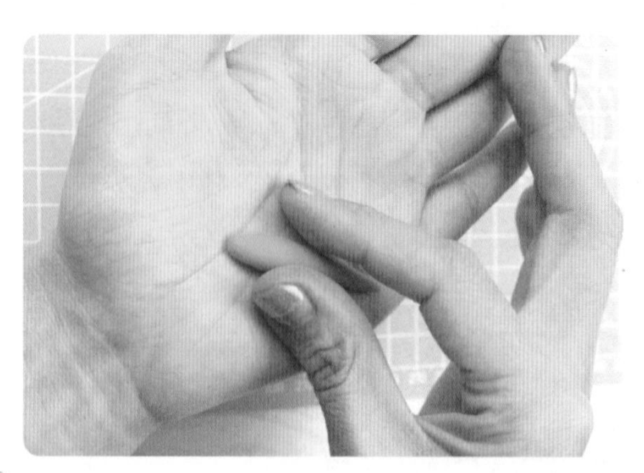

① 将绿色黏土搓成长条水滴状。

② 用手压出三面。

③ 再搓一些不同大小的叶子。

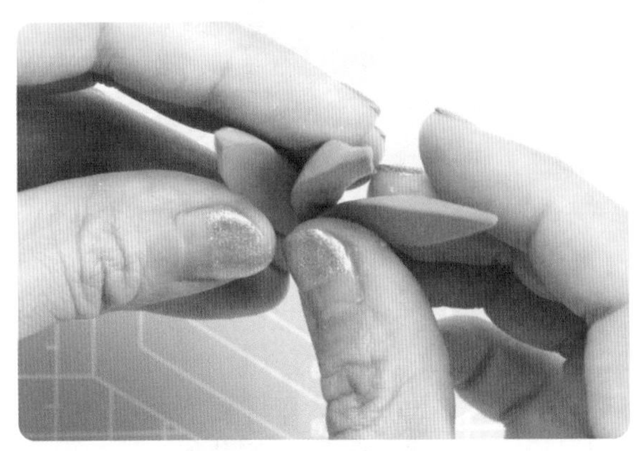

④ 从外层开始，将叶子一片一片依次粘起来。

⑤ 将里面的叶子粘好。

6 用白色丙烯颜料给仙人掌叶子画上斑纹。

7 在花盆里涂抹白乳胶后，将仙人掌插进去。

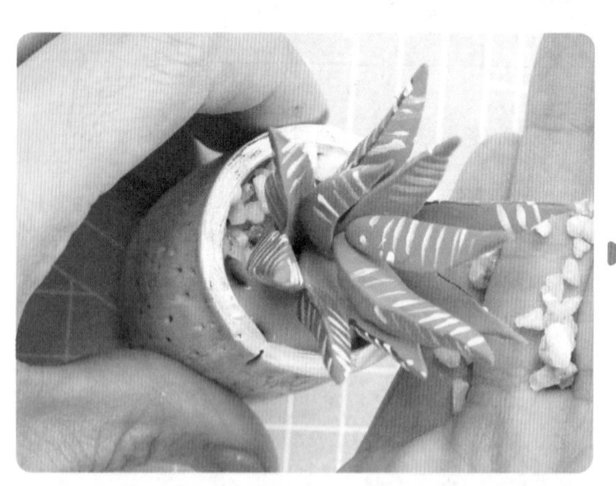

8 在花盆里撒一些小石子。

制作第3种仙人掌

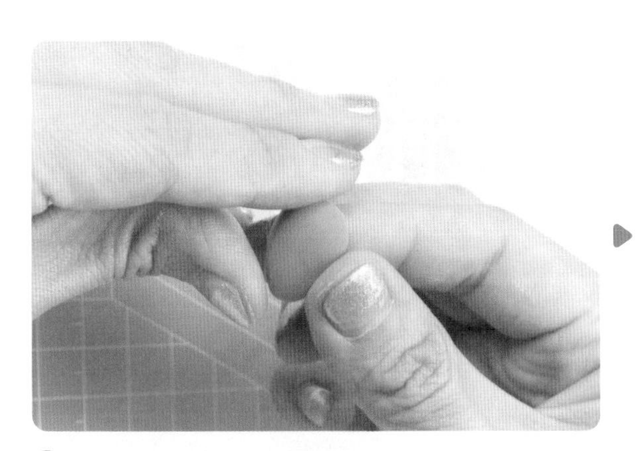

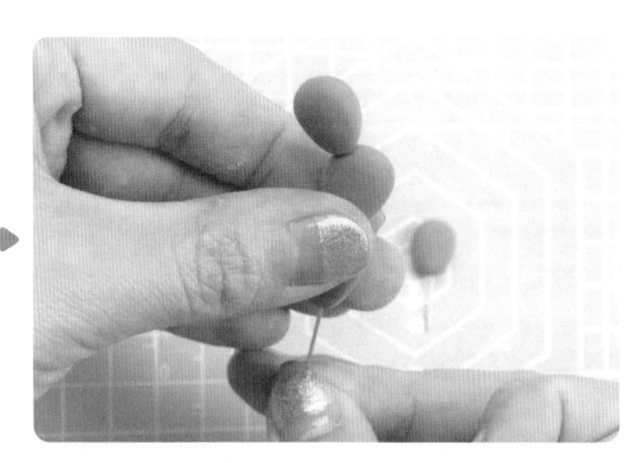

❶ 将绿色黏土揉成水滴形后压扁。

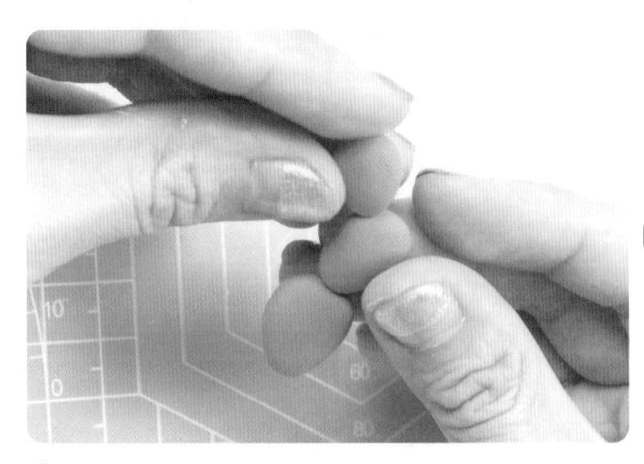

❷ 做几个大小不同的叶子，按照由大到小的顺序，用细铁丝把叶子串起来。

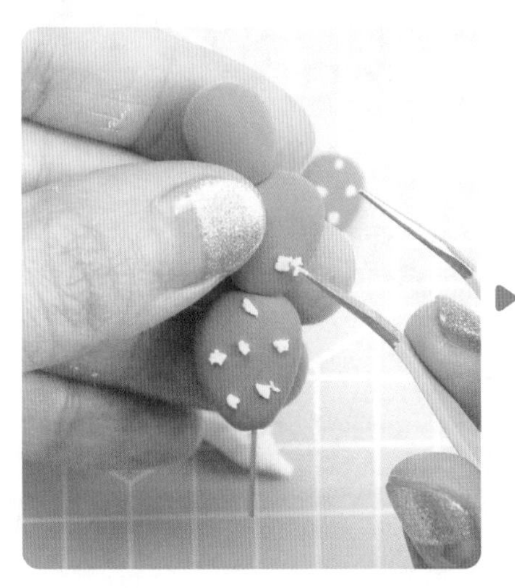

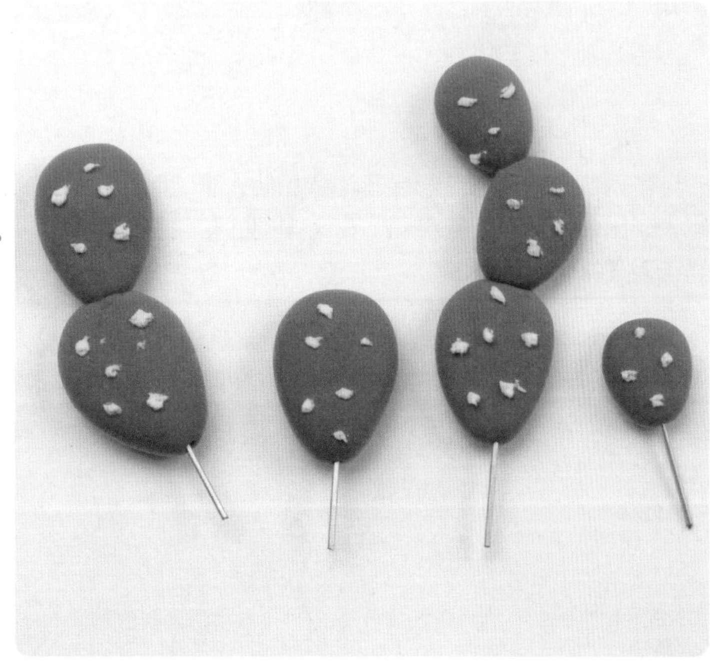

❸ 用浅黄色黏土在仙人掌上面粘一些斑点。

❹ 在花盆里涂上白乳胶，将仙人掌插入并撒一些小石子。

课后想一想

前两节课我们已经学会了花朵和仙人掌的制作，也掌握了花盆制作的方法。想一想，怎么才能表现出仙人球表面的小刺、花朵中间的花蕊等细节呢？开动你的脑筋，动动你的巧手，做一盆鲜花盛开的仙人球吧！

想象与创作篇

第7课 画框中的老虎

难易度：★★★　建议时间：50分钟

同学们在动物园见过老虎吗？它是不是很威猛？作为凶猛的肉食动物，老虎是让很多动物害怕的“丛林之王”。但这节课上，我们要把凶猛的老虎变成一只乖乖虎，把它装进画框里。

想象与创作

在你的印象中，老虎有什么特征呢？是不是头上有斑纹，鼻子粗粗的，胡须长长的？把这些特征简化，我们就能制作出可爱的老虎啦！

动手做一做

学习目标

1. 学习将老虎制作成可爱形象的方法。
2. 掌握不同工具的使用方法。
3. 掌握制作画框的简易方法。

材料准备

黏土、压痕工具、剪刀、欧式画框、压板、笔刷、卡纸、固体水彩

制作老虎的头

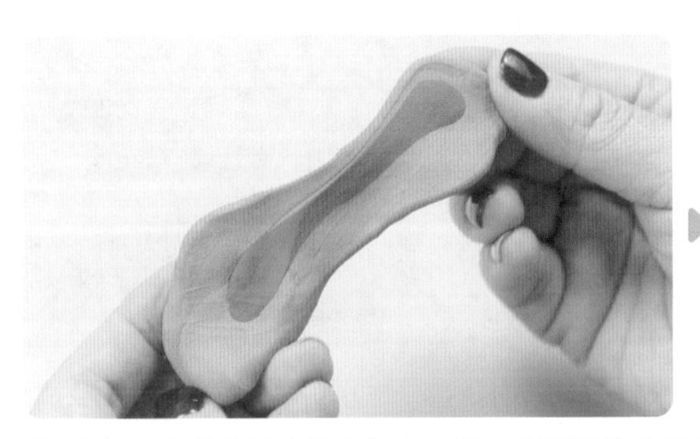

1 把棕色和黄色黏土混合起来，捏一个圆饼做成老虎的脸部。

2 把白色黏土压成椭圆形薄片，贴在脸部下方。

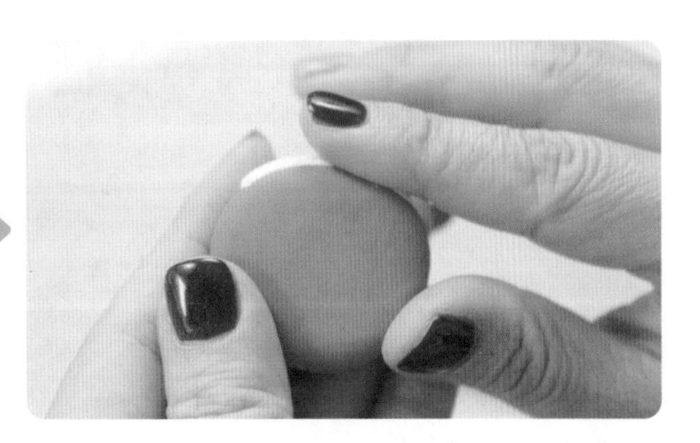

3 剪去多余的部分，并将结合处抚平。

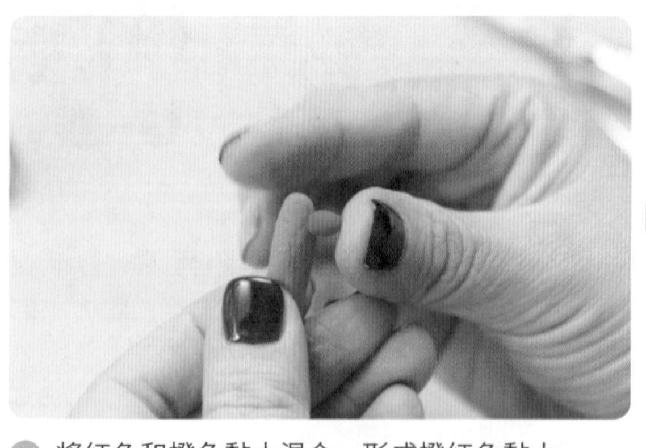

④ 将红色和橙色黏土混合，形成橙红色黏土。

⑤ 将混合后的黏土搓成水滴状，贴在老虎脸部做成鼻子。

⑥ 用尖头工具取黑色黏土给老虎做两只眼睛。

⑦ 做一个黑色的鼻头。

⑧ 戳一个圆圆的小嘴巴。

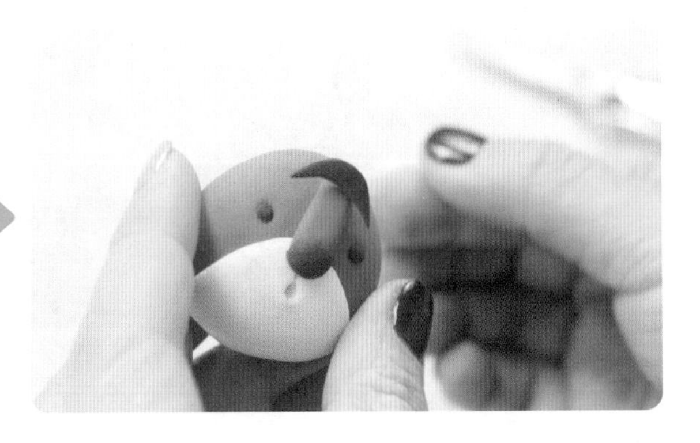

⑨ 做一根弯弯的眉毛，贴在老虎的鼻子上方。

⑩ 在脸上贴一些黑色的斑纹。

⑪ 用黑色和黄色黏土做两只耳朵，装在老虎头上。

制作老虎的身体

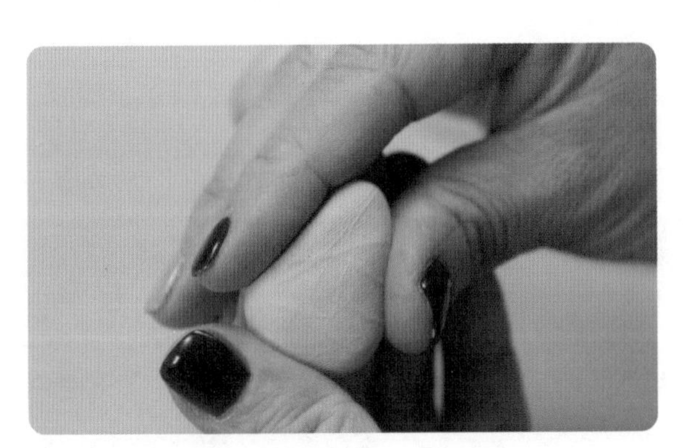

① 将蓝色黏土捏成水滴状。

② 用剪刀将底部剪掉。

3 将老虎的身体和头部粘合在一起。

制作老虎的围巾

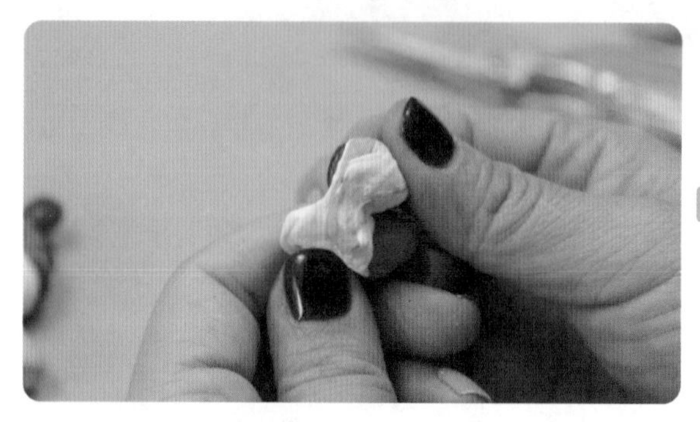

1 将白色和少量绿色黏土进行混合，搓成长条状并压扁，做成老虎的围巾。

2 帮老虎系上围巾。

制作相框背景

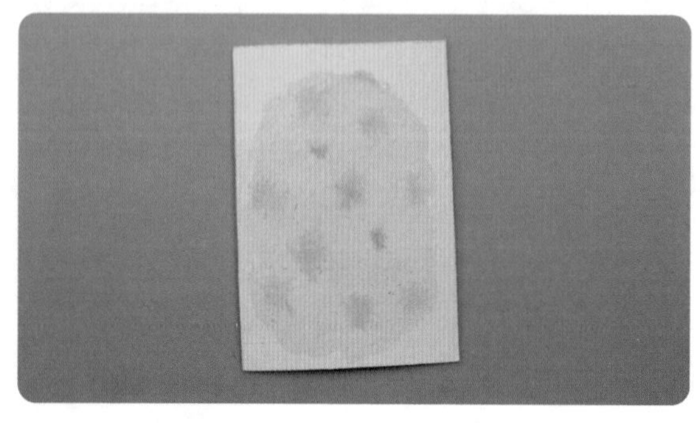

1 用蓝色颜料在纸上晕染。

2 将背景纸装进相框。

③ 用强力胶水将小老虎固定在相框中。

课后想一想

这节课我们学习了将老虎制作成黏土画的方法。在我们的生活中，还有一种常见的动物，它是很多家庭的宠物，长得有点像“迷你版”老虎。聪明的你，一定猜到它是什么了吧？没错，那就是可爱的猫咪。

想一想，猫咪有什么典型的特征呢？请运用制作老虎画的方法，创作一幅可爱的猫咪画吧，我们还可以给猫咪穿上漂亮的衣服哟！

第8课 围脖大象

难易度：★★★ 建议时间：50分钟

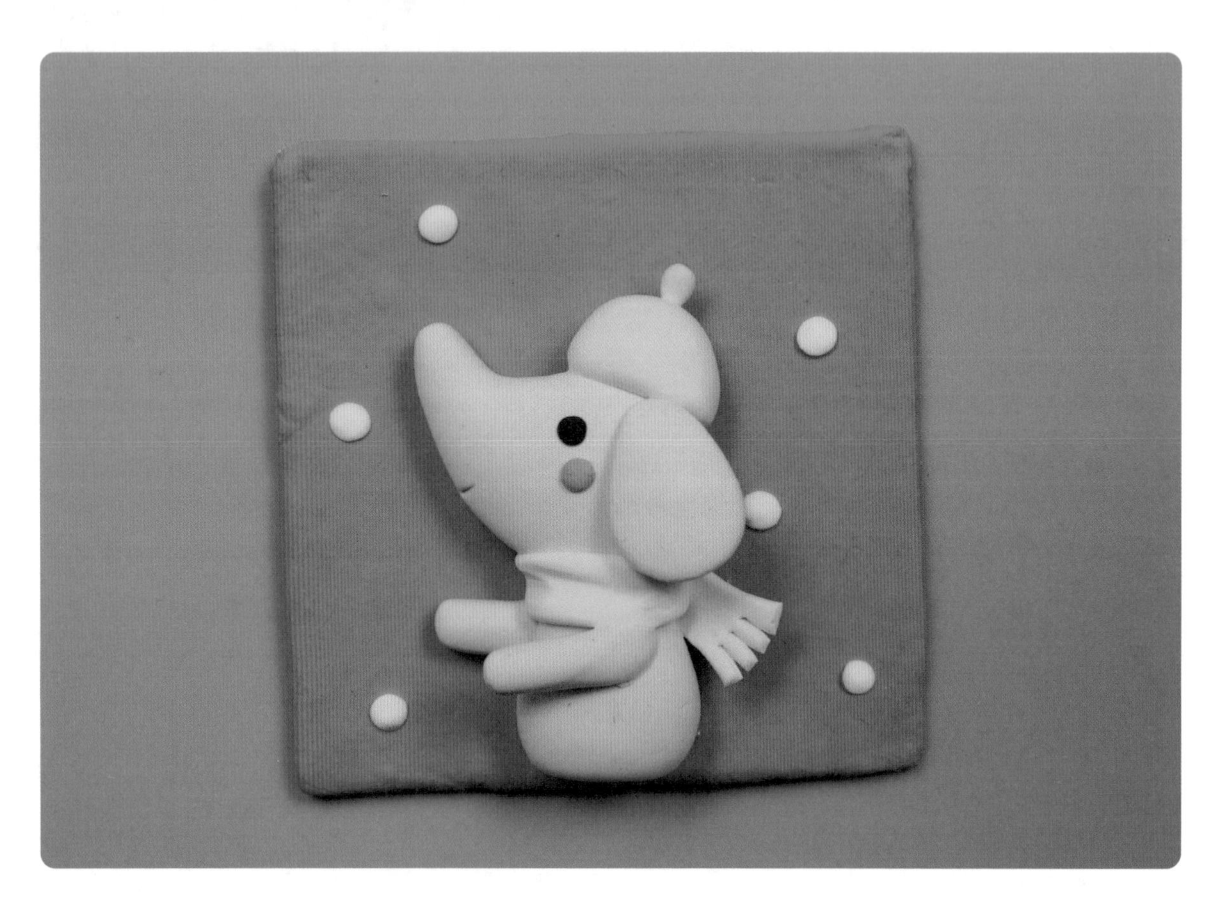

大象是我们人类的朋友，也是非常聪明的动物。你知道吗？大象还具有特异功能，能听见我们听不见的声音——次声波，大象之间就是通过次声波来交流的。我们平时见到大象的机会很少，这节课我们用黏土制作一幅大象的作品，今后就可以天天看到可爱的大象啦！

想象与创作

想象你面前有一头可爱的大象，它站在石头上眺望着远方，好像在等待妈妈回家。

大象有粗壮的大腿、长长的鼻子、大大的耳朵、肥壮的身体。我们在创作时只需要表现出这些明显的特征，其余的都可以简化。当然也可以发挥想象，给大象化化妆、穿戴一些好看的衣帽，让大象更加可爱！

动手做一做

学习目标

1. 学会概括动物的主要特征。
2. 掌握通过主要特征塑造动物形象的方法。
3. 了解将动物拟人化的基本方法。
4. 掌握不同工具的使用方法。

材料准备

黏土、压痕工具、擀棒、剪刀、源木片

制作大象的头和身体

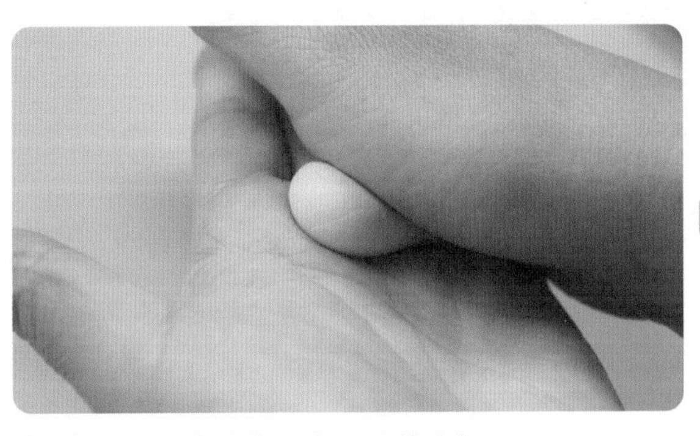

① 捏出大象的脑袋，鼻子要往上翘。

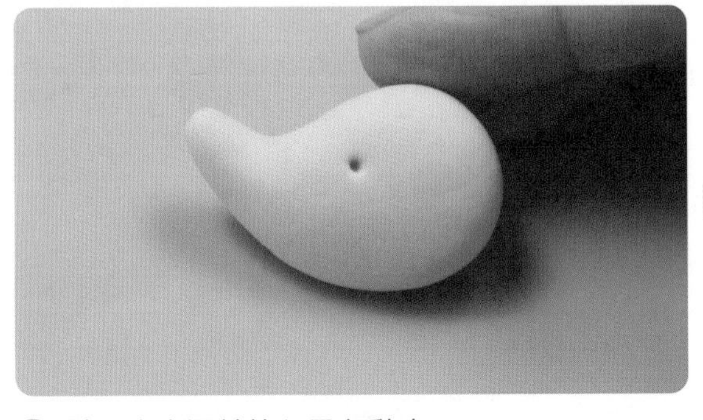

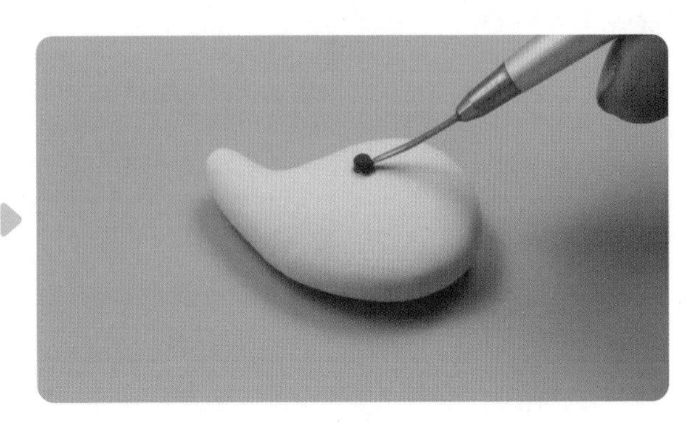

② 戳一个小洞并放入黑色黏土。

③ 加上腮红。

④ 做一个胖胖的身体。

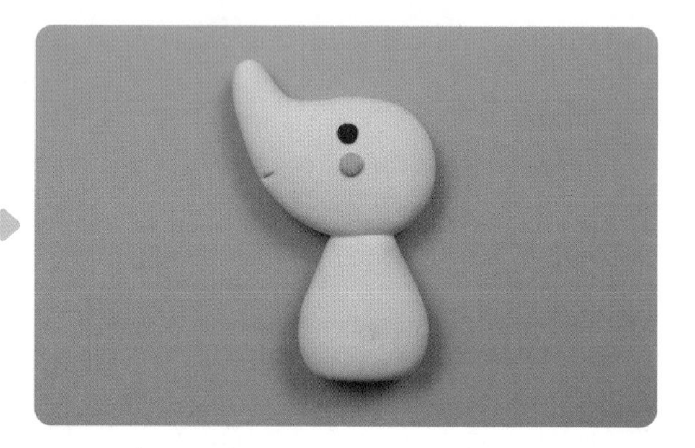

⑤ 划出大象的嘴巴。

⑥ 做大象的耳朵。

⑦ 头上戴上一顶帽子。

8 给帽子顶部加上装饰。

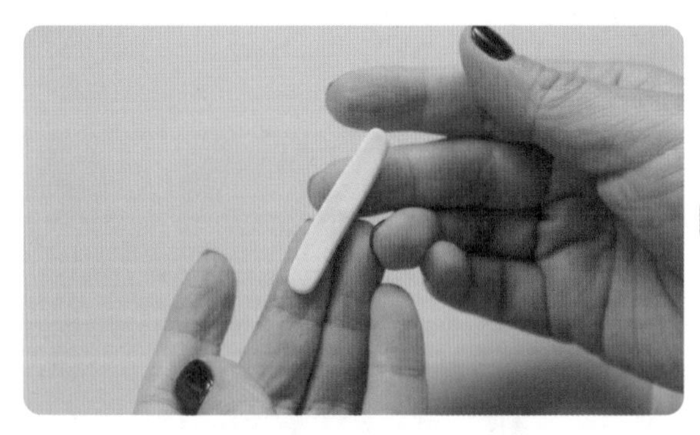
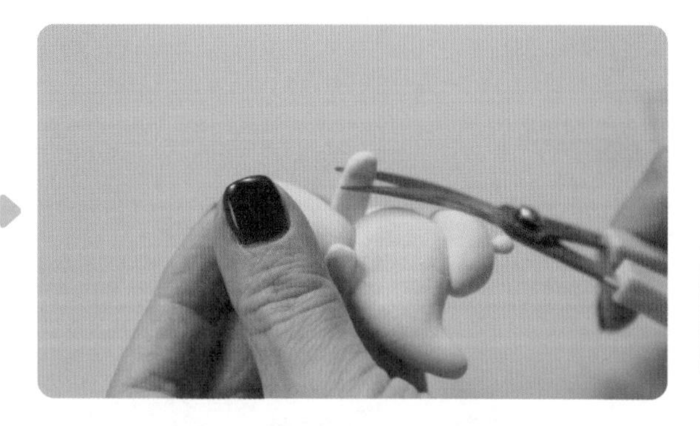

9 做一条长长的围巾。

10 将围巾一端剪出须边。

制作大象的手臂

1 给大象加上圆圆的手臂。

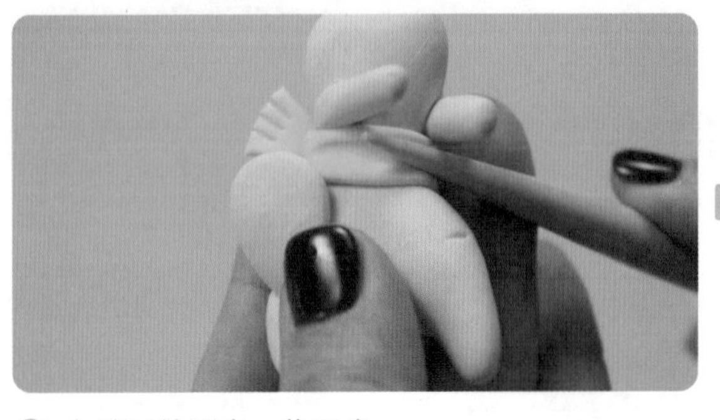

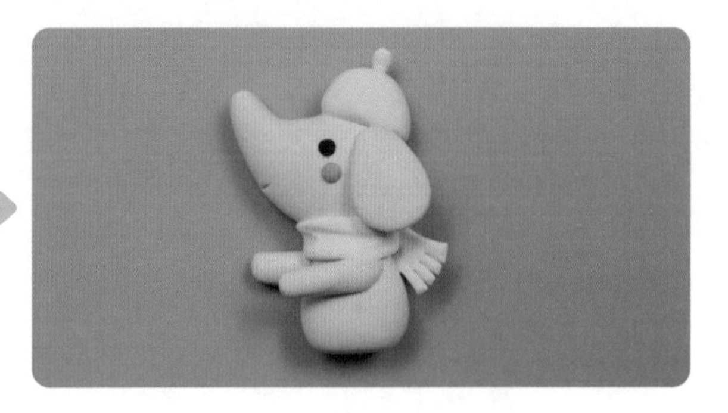

2 在脖子处压出一些凹痕。

制作画框

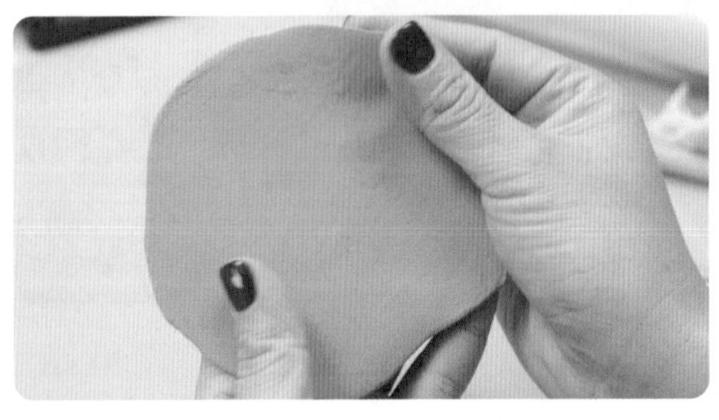

1 准备好黏土薄片和源木片。

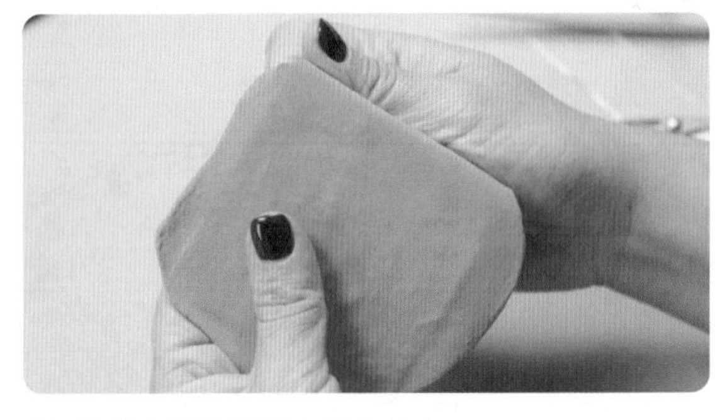

2 将黏土薄片覆盖在源木片上。

把大象装进画框

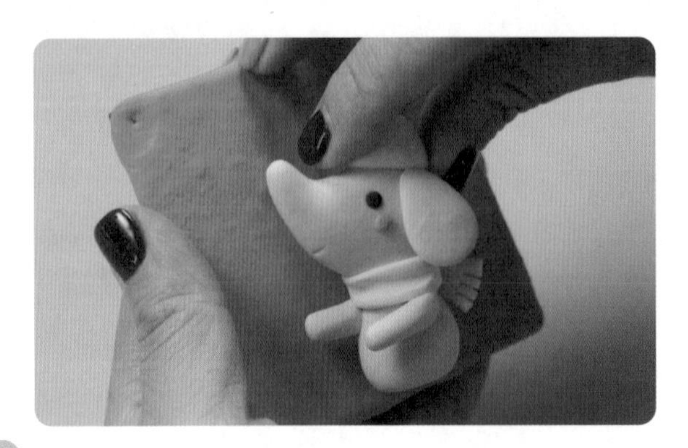

1 将大象固定在画板上。

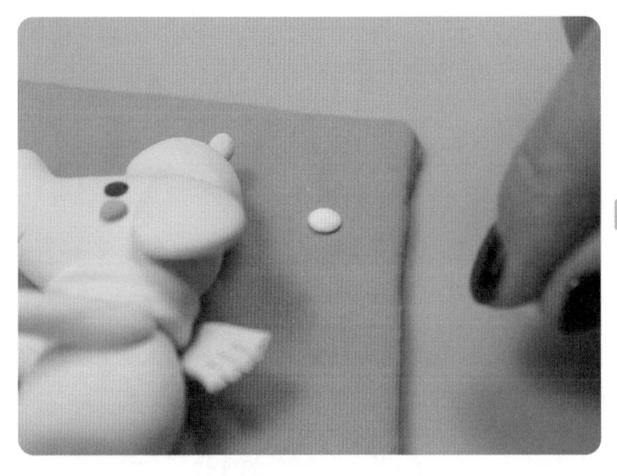

② 加上白色的小圆点。

课后想一想

这节课我们学会了制作大象黏土画的方法。作品中的大象是站立的姿势，我们给它带了一顶帽子，系了一条围巾。在实际创作中，我们还可以让大象坐着或者躺着，也可以给大象穿上不一样的衣服，让大象变得更加可爱。

还有一种可爱的动物，大家一定都非常喜欢——它就是人见人爱的国宝大熊猫。同学们如果暂时不能去成都看熊猫，那就用黏土捏一只可爱的熊猫吧！

第9课 可爱小猪

难易度：★★★　建议时间：50分钟

“猪，你的鼻子有两个孔，感冒时的你还挂着鼻涕牛牛。猪，你有着黑漆漆的眼，望呀望呀望也看不到边……”同学们听过这首歌吗？今天我们就用黏土制作一只可爱的小猪。

想象与创作

想象一只趴着的小猪，它呆呆地趴在地上，无精打采地看着前方。

创作时，我们可以将这只“小呆猪”变成一只可爱的小猪，它歪着圆圆的脑袋，竖起大大的耳朵，正张开双手，等着同学们的拥抱呢！这只小猪还很爱美，所以要给它化妆哟！

动手做一做

学习目标

1. 学习可爱小猪的制作方法。
2. 熟悉各种工具的使用方法。
3. 学会观察小猪的主要特征，并通过作品表现出来。

材料准备

黏土、压痕工具、源木片、擀棒、剪刀、压板、色粉、笔刷

制作小猪的头

① 给小猪捏一个圆圆的脑袋。

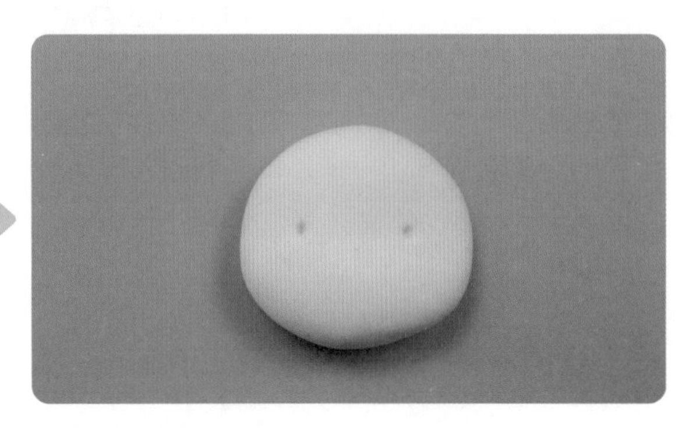

② 戳两只眼睛。

③ 加上黑色的眼珠。

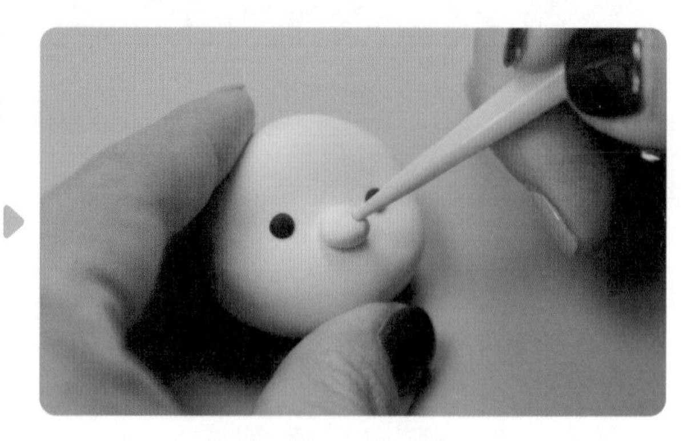

4 加上胖胖的鼻头。

5 划出歪歪的嘴巴。

6 捏一个像粽子的三角形。

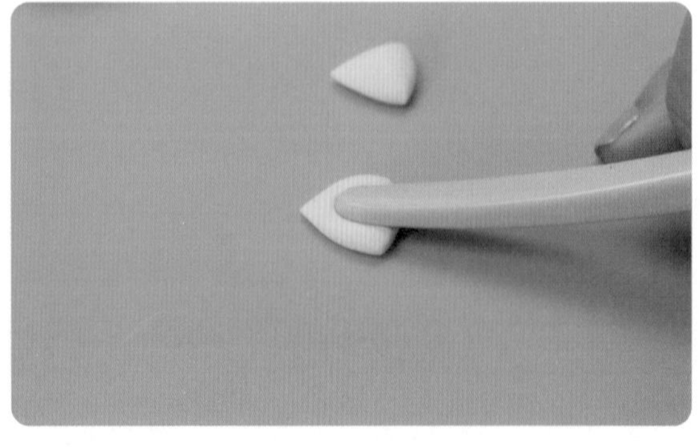
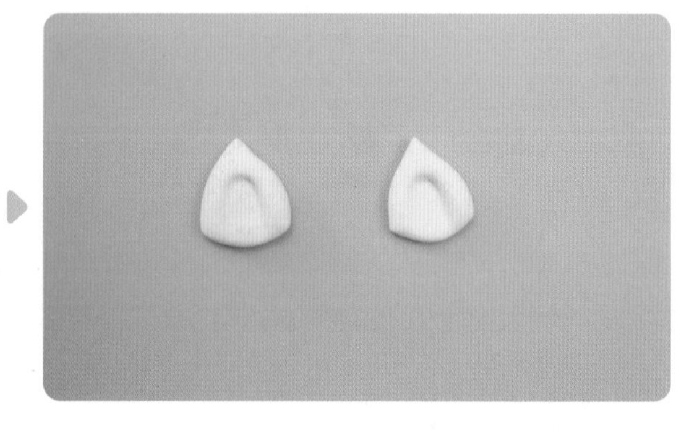

7 制作两只尖尖的耳朵。

8 装好耳朵。

制作小猪的身体

1 给小猪加上胖胖的身体。

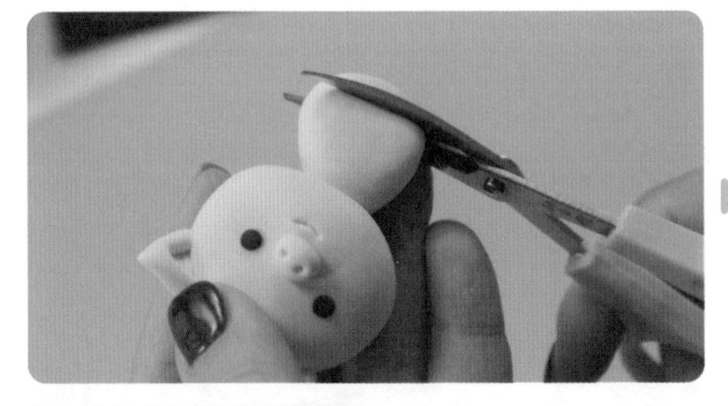

2 将身体下半部分剪平。

制作小猪的手

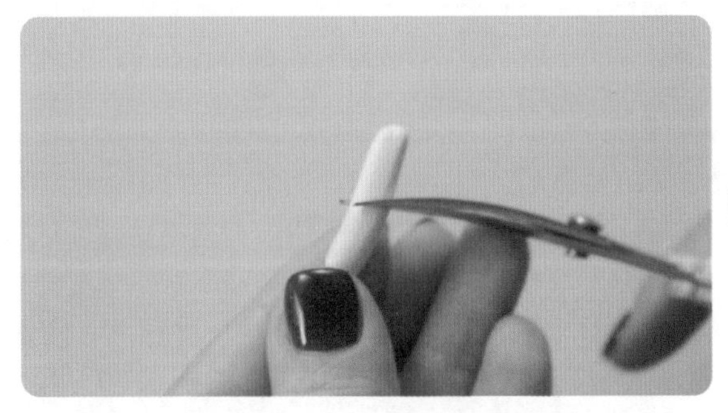

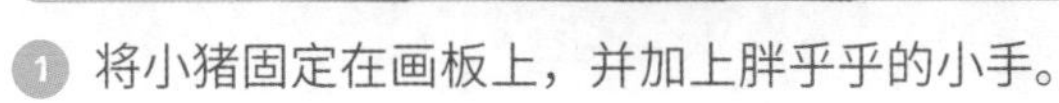

1 将小猪固定在画板上，并加上胖乎乎的小手。

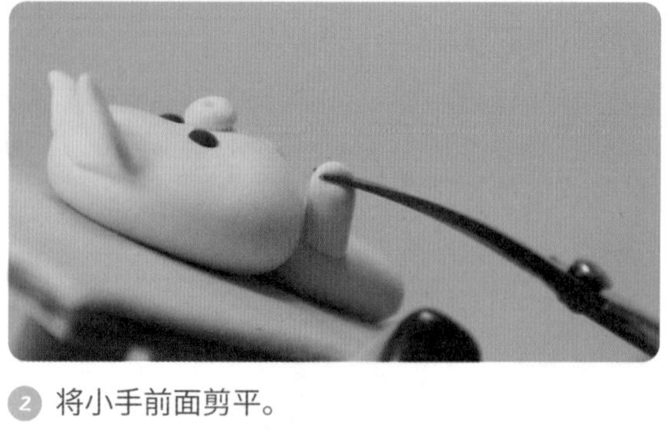

② 将小手前面剪平。

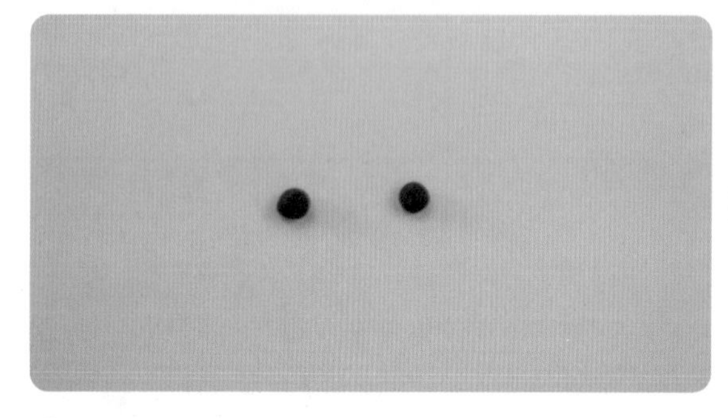

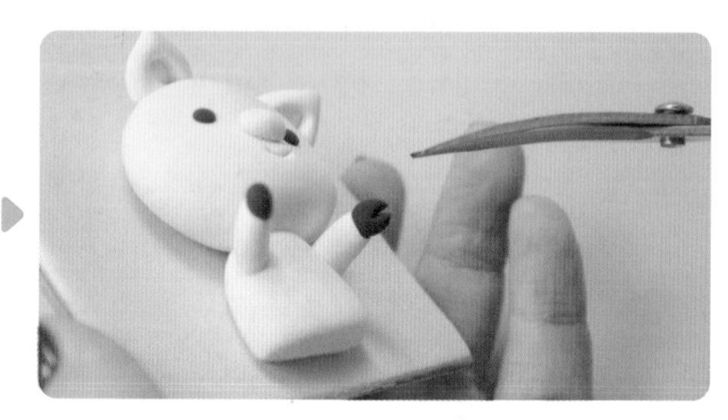

③ 加上黑色的蹄子。

给小猪化妆

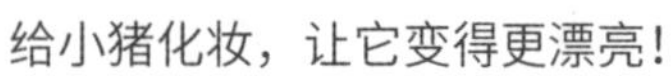

给小猪化妆，让它变得更漂亮！

课后想一想

除了课程中已经完成的可爱小猪，我们还可以将小猪制作成不同的形象。同学们都希望把小猪变成什么形象呢？

下面两幅画对小猪形象进行了改造，将小猪的身体取消了，在它们头上戴了不同的帽子。它们戴上帽子后，就变成小红帽小猪和大灰狼小猪了，是不是更可爱呢？赶紧试一试吧！

第10课 爱心柯基

难易度：★★★　建议时间：50分钟

同学们，你们家里养狗了吗？狗是人类忠实的朋友，它不但可以给我们看家，还能给我们带来许多快乐！这节课，我们将制作一只可爱的小狗柯基。

想象与创作

你和小狗玩耍过吗？想象着有一只小狗正趴在地上，圆溜溜的眼睛注视着你，小爪子下面有一个红红的爱心玩具。

创作时，我们要将小狗胖乎乎的脑袋、圆圆的眼睛、尖尖的耳朵、黑黑的鼻头等重点特征表现出来哦。

动手做一做

学习目标

1. 学习可爱小狗的制作方法。
2. 熟悉各种工具的使用方法。
3. 学会观察小狗的主要特征。

材料准备

黏土、压板、剪刀、丸棒、压痕工具、牙签、色粉、笔刷

制作柯基的头

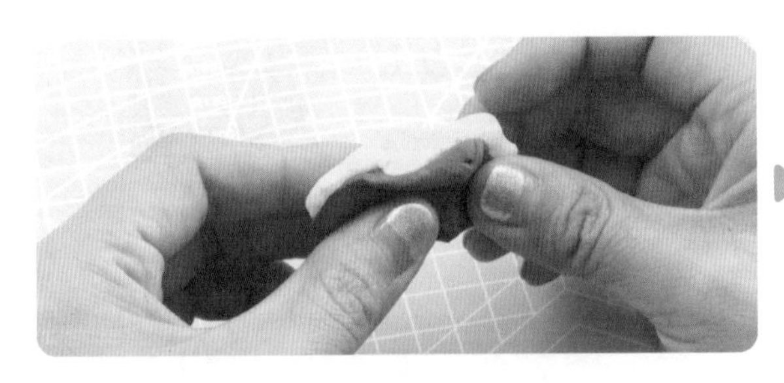

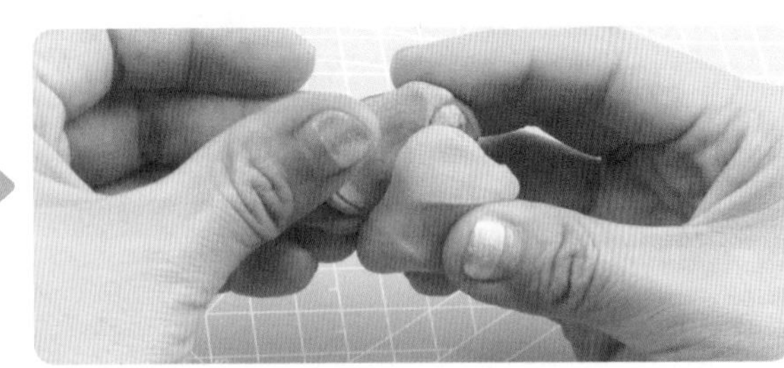

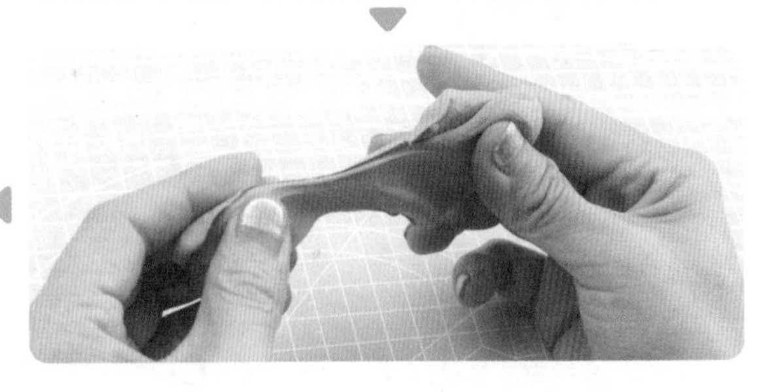

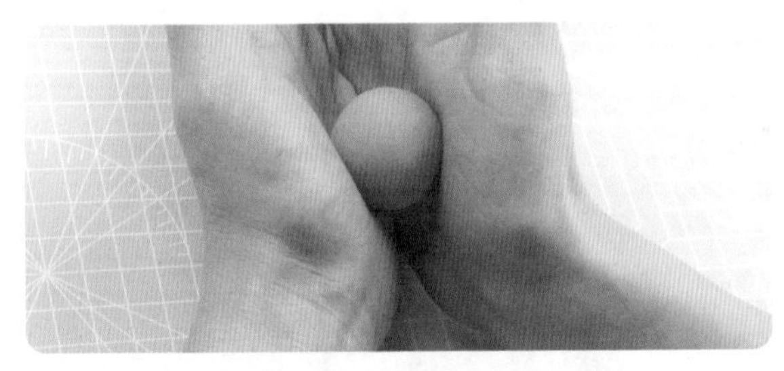

① 用黄色和棕色的黏土混合调色，并搓出一个圆球。

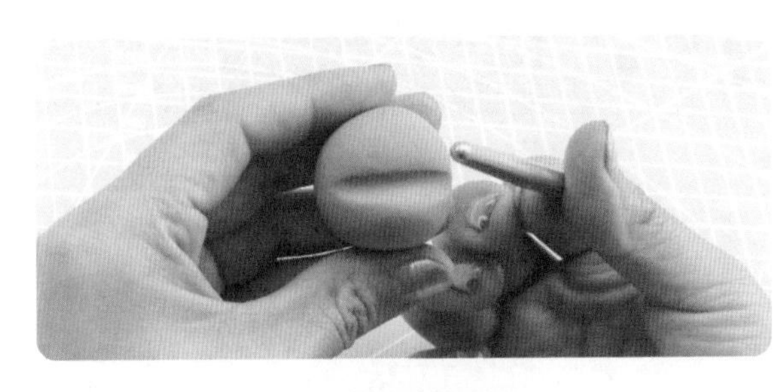

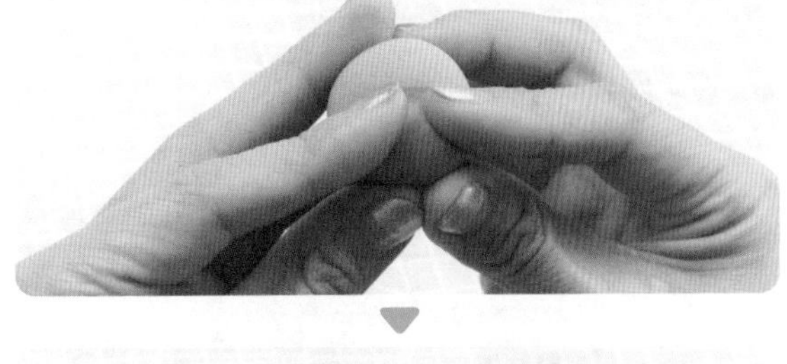

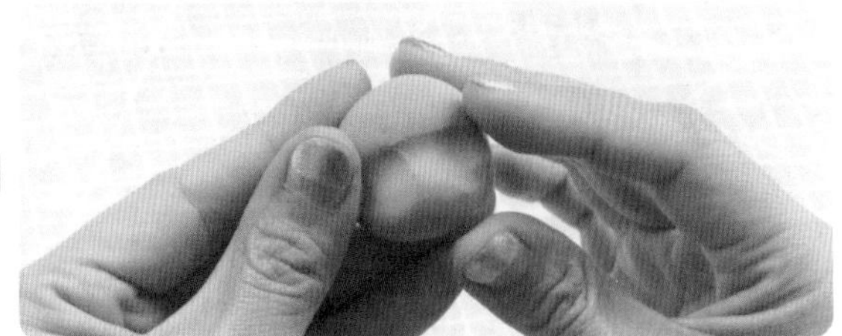

② 将圆球捏出狗狗脑袋的外形。

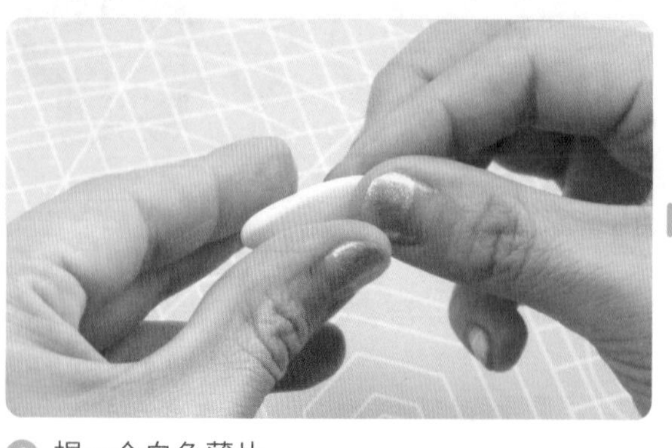

③ 捏一个白色薄片。

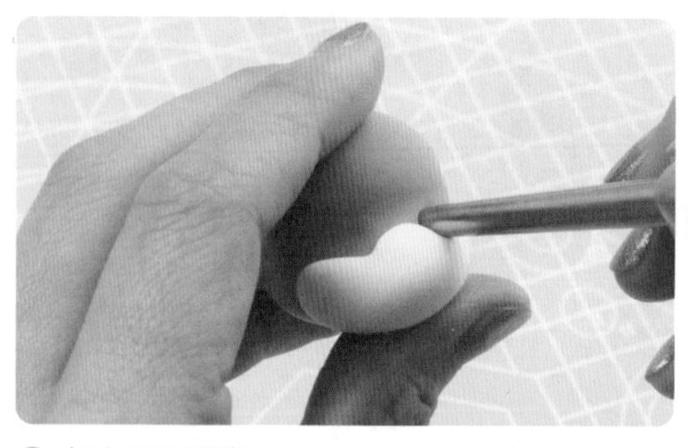

④ 将薄片贴在下巴部位。

⑤ 加上两只眼睛。

⑥ 加上鼻子和眉毛。

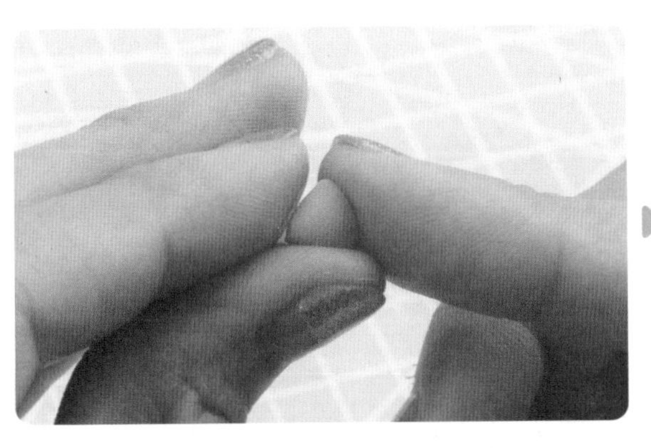

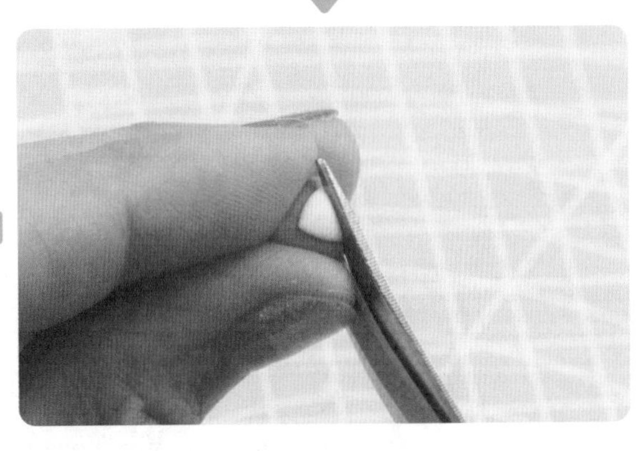

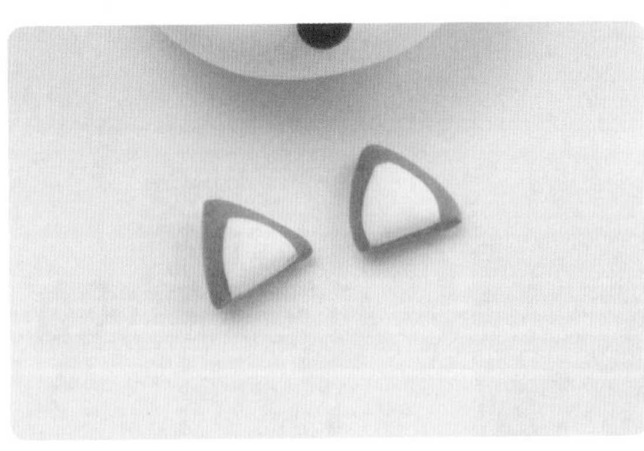

7 制作两只尖尖的耳朵。

8 给小狗狗安上耳朵。

9 加上弯弯的嘴巴。

制作柯基的身体和小腿

❶ 胖胖的身体。

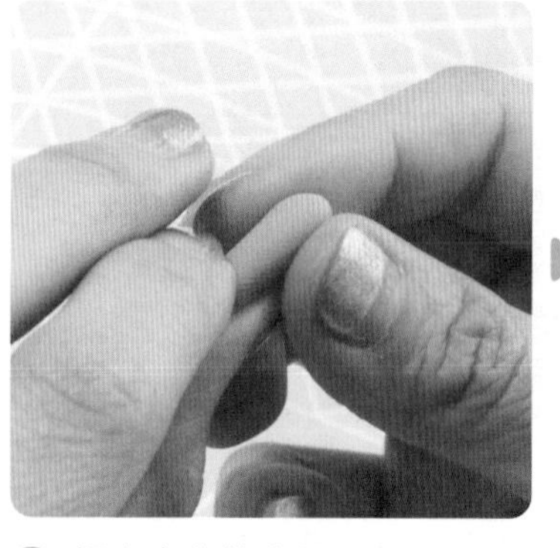

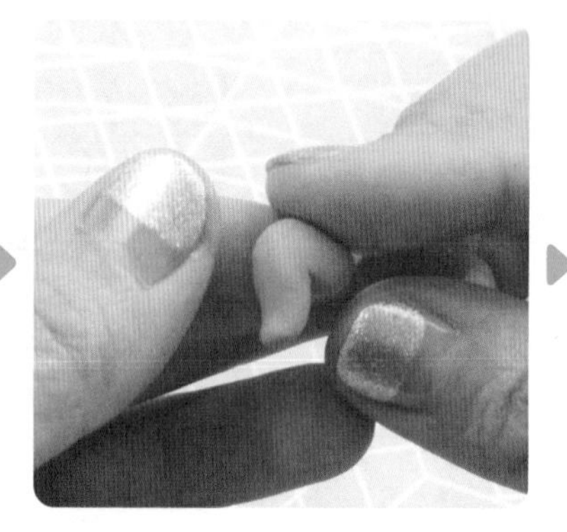

❷ 捏出弯曲的小腿。

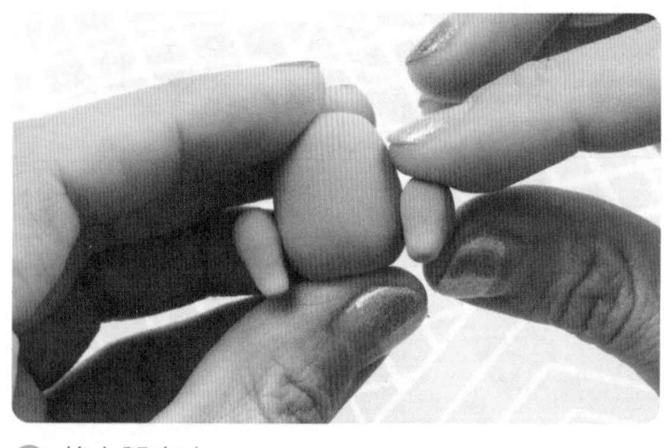

❸ 将小腿安上。

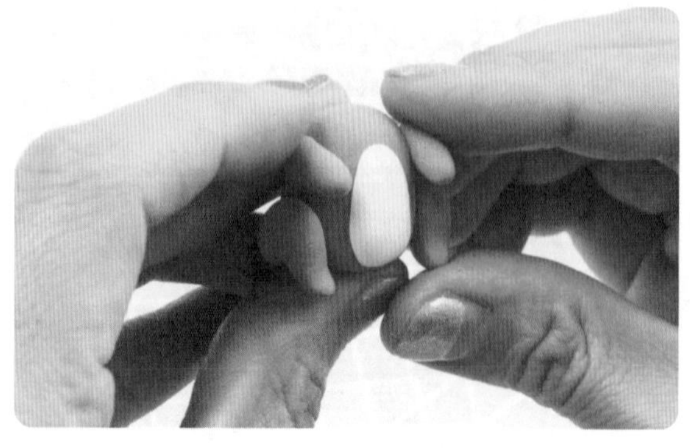

❹ 贴上白色的肚皮。

制作爱心和尾巴

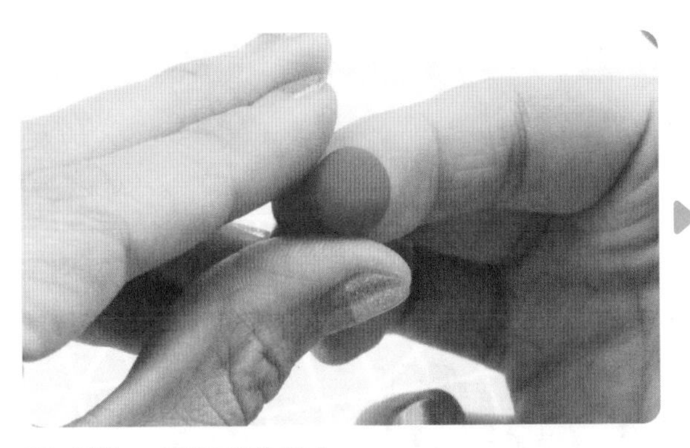
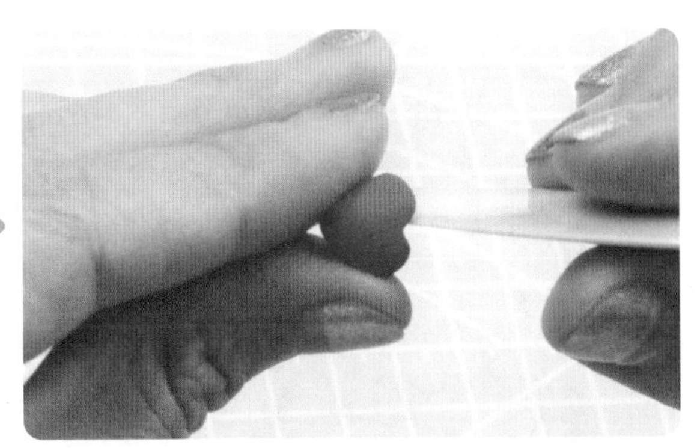

1 制作一颗红红的爱心。

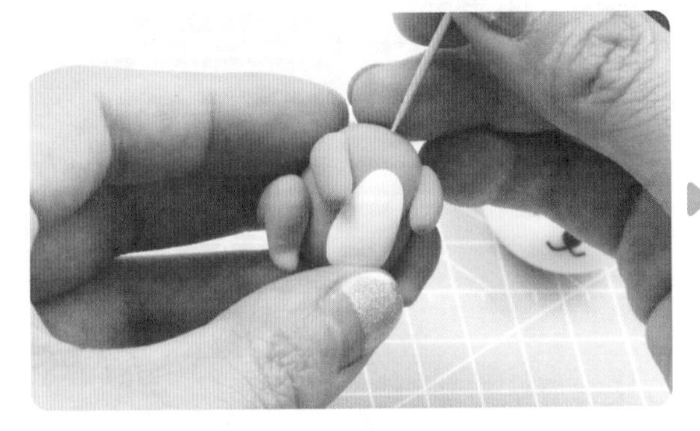

2 用牙签将头和身体连接起来。

3 让狗狗捧着爱心。

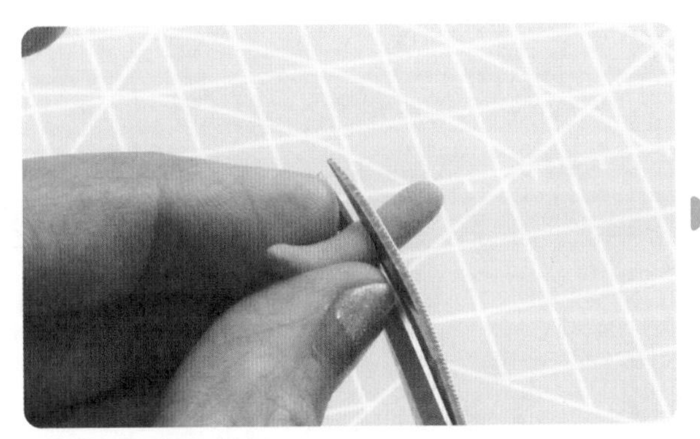
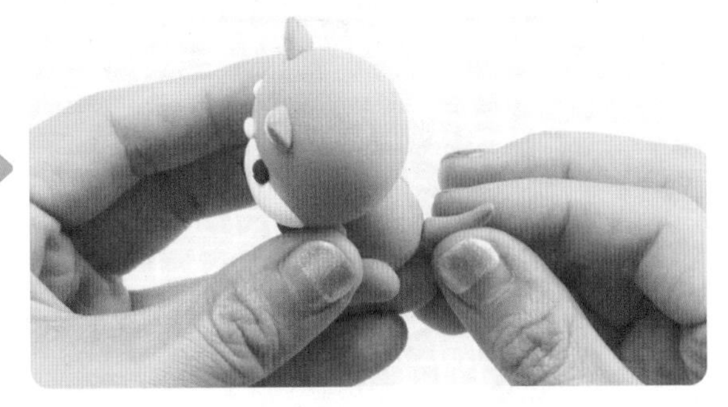

4 加上可爱的尾巴。

给柯基化妆

给狗狗画上漂亮的腮红。

课后想一想

我们已经学会了制作可爱的狗狗，同学们还喜欢哪些可爱的小动物呢？

大家听过“小兔子乖乖，把门儿开开，快点儿开开，我要进来……”这首儿歌吗？想一想，可爱的小兔子有什么特征呢？试一试，创作一只可爱的兔子吧！

第11课 熊猫家族

难易度：★★★　建议时间：60分钟

同学们，你们去过成都大熊猫基地吗？那里生活着很多可爱的熊猫，它们有的在睡觉，有的在玩耍，有的在吃竹子。如果运气好的话，还可以看见一群熊猫在一起玩耍。在第8课的课后，同学们曾经尝试制作过一幅熊猫的相框画。在这节课中，我们将正式学习用黏土来制作大熊猫。

想象与创作

想象一群可爱的熊猫正坐在草地上，津津有味地吃着竹笋。在我们创作的作品中，如果让熊猫像小朋友一样围着桌子、等着开饭，每只熊猫都带着不同的表情，会不会很有趣、很可爱呢？

动手做一做

• 学习目标

1. 学会自己设计场景。
2. 熟悉各种工具的使用方法。
3. 学会观察熊猫的主要特征，并制作出不同神态的作品。

材料准备

黏土、剪刀、丸棒、牙签、铁丝、压板、压痕工具

制作桌子和椅子

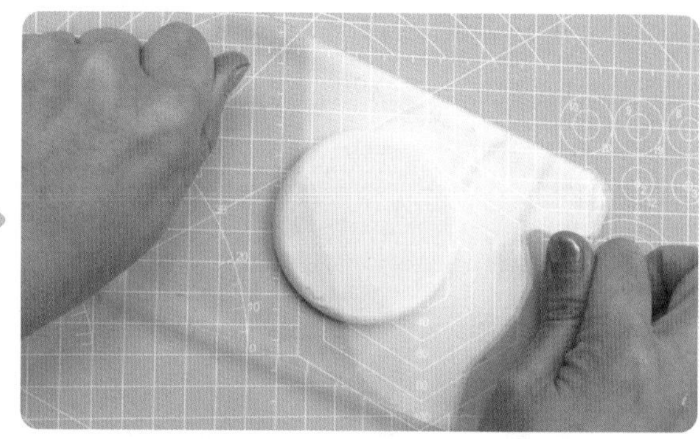

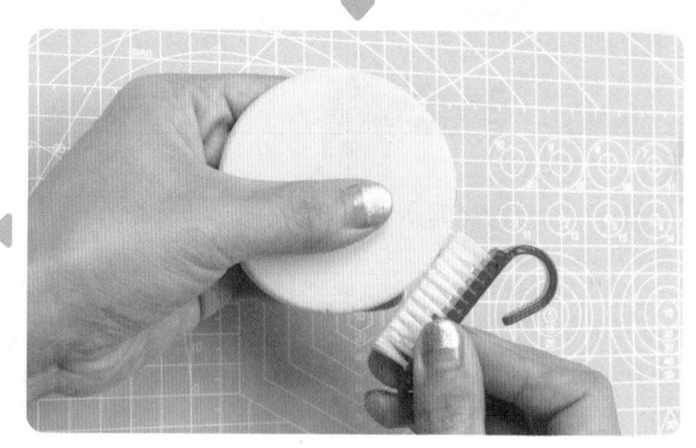

① 将圆球压扁，做成桌面。

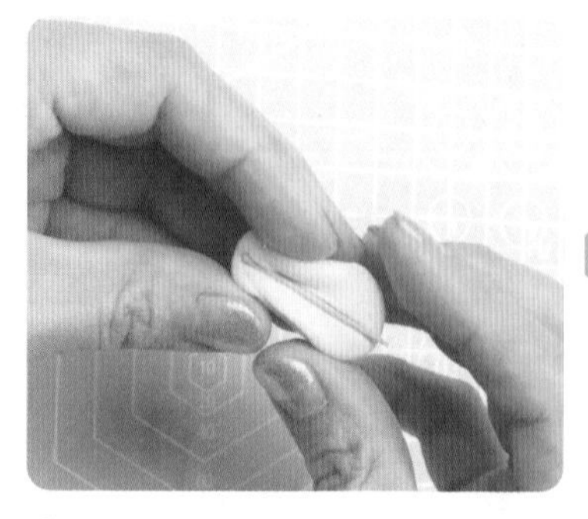

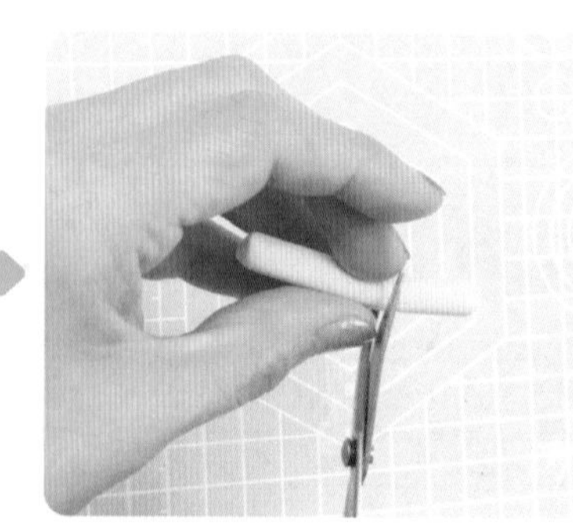

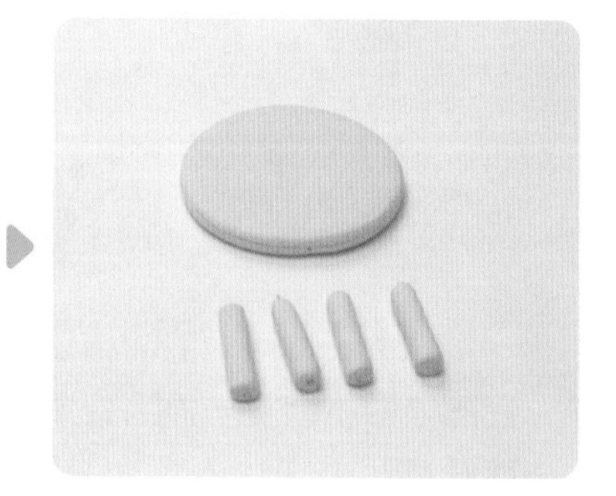

② 用黏土包裹一个牙签，作为桌子的腿。

③ 将圆桌组装好。

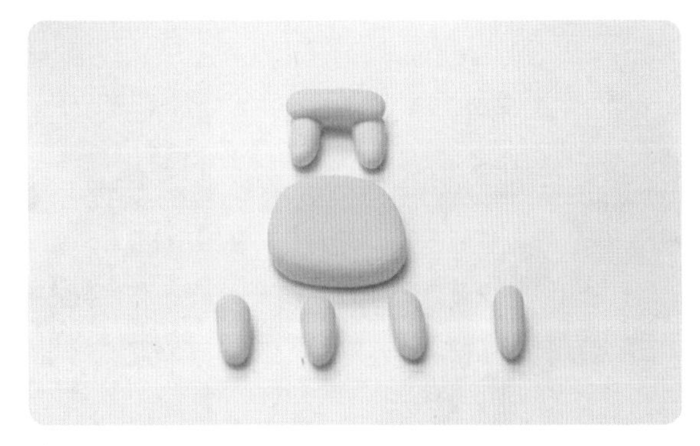

④ 做椅子的靠背和腿。

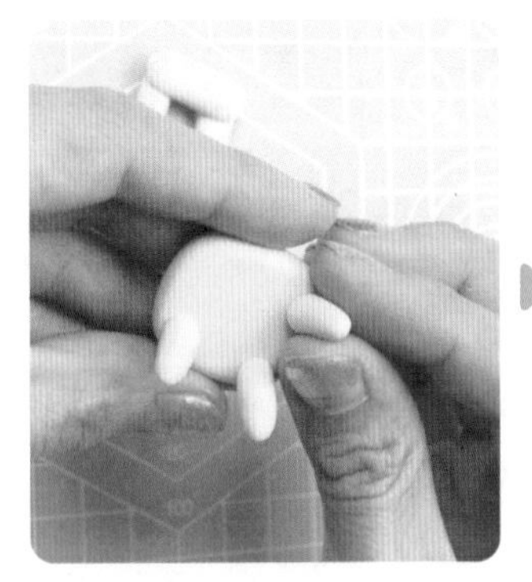

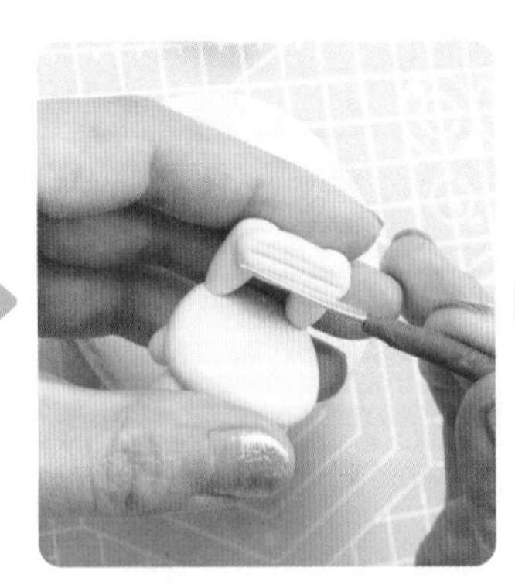

⑤ 将椅子组装好。

制作熊猫的头

① 揉一个圆圆的脑袋。

② 加上黑眼圈。

3 添加鼻子和嘴巴。

4 两只耳朵竖起来。

制作熊猫的身体和四肢

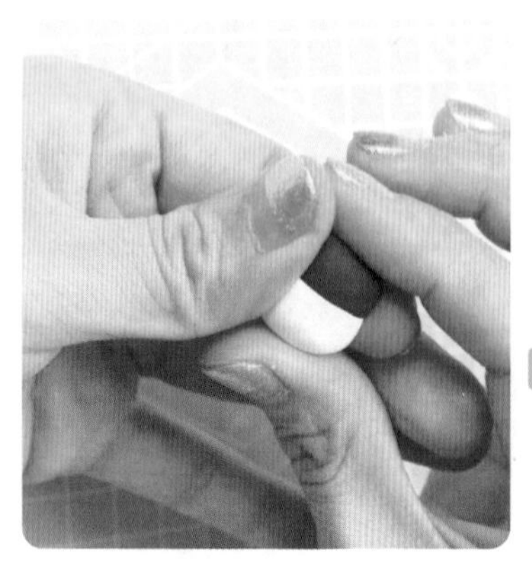

1 胖胖的身体。

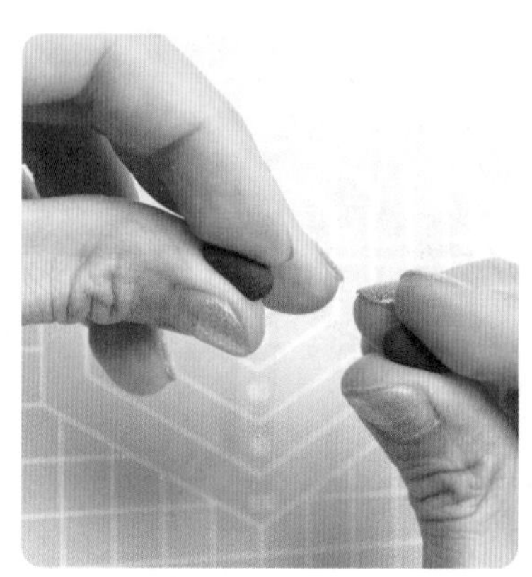

2 短短的小腿。

3 将小腿组装起来。

给熊猫打扮打扮

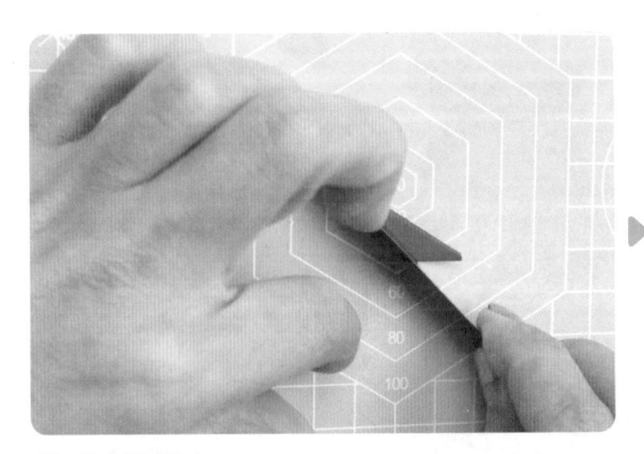

1 戴上红围巾。

2 尾巴装起来。

3 将小腿组装起来。

制作其他熊猫

1 用相同的方法制作其他 3 只可爱的熊猫。

2 快坐好，开饭啦！

课后想一想

熊猫实在是太可爱了，加上场景后的作品也变得更加生动有趣。同学们是不是还想为熊猫塑造更多的造型，设计更多的场景呢？那就发挥想象吧，你想让熊猫干什么都可以，比如把熊猫变成爱读书的熊猫博士、爱练武的熊猫大侠等。

升级你的作品篇

第12课 绿植小盆栽

难易度：★★★ 建议时间：50分钟

同学们的家里有没有养一些漂亮的花花草草呢？在前面的章节中，我们已经学会了不同仙人掌的制作方法。这节课我们将制作不同的多肉植物，并将它们组合成漂亮的盆景。

升级你的作品

一个漂亮的多肉盆景需要哪些元素呢？

一个可爱的花盆，几种不同的多肉植物，再加一些可爱的蘑菇和飞虫……这些就足够啦！

动手做一做

● 学习目标

1. 学习不同多肉的制作方法。
2. 熟悉各种工具的使用方法。
3. 掌握上色的基本方法。
4. 学习把单一的作品组合成漂亮的场景。

材料准备

黏土、剪刀、刀片、丸棒、色粉、笔刷、铁丝

制作多肉

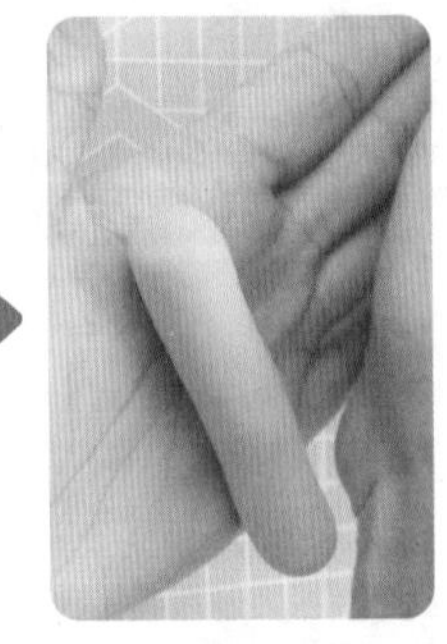
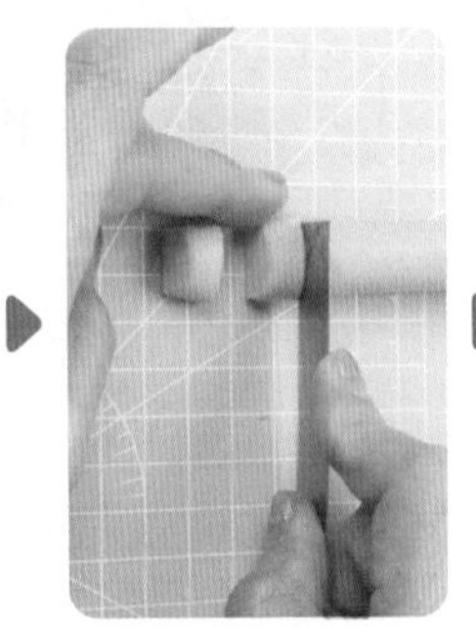

❶ 将圆球搓成圆形长条，然后切成小段。

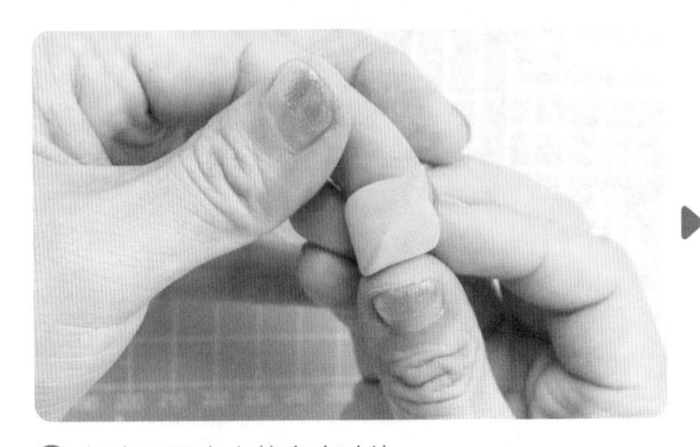

❷ 捏出不同大小的多肉叶片。

❸ 从外到内依次组装多肉叶片。

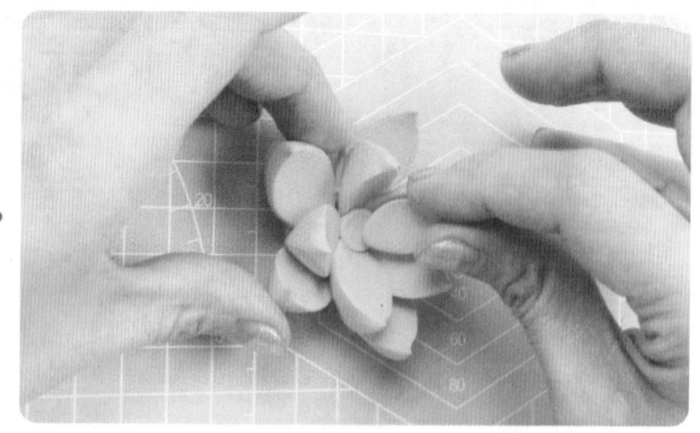

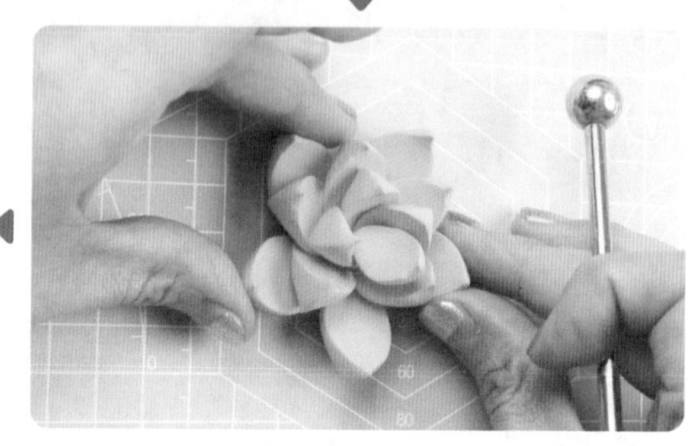

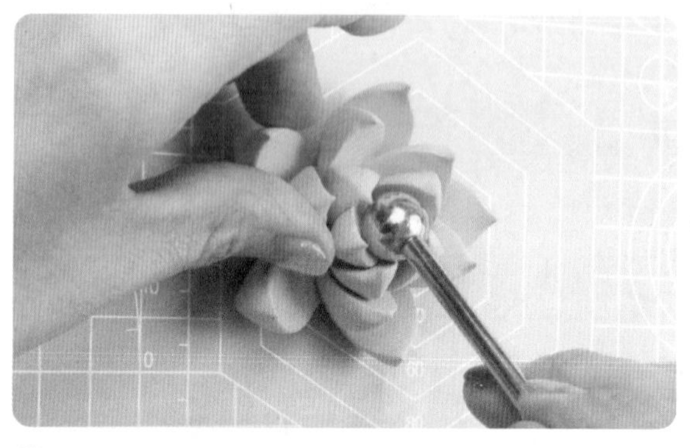

❹ 继续一层一层地组装多肉叶片。

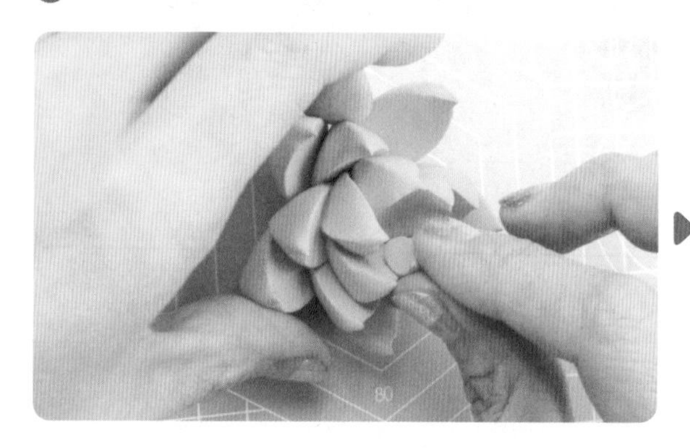

❺ 组装最里面的多肉叶片。

给多肉上色

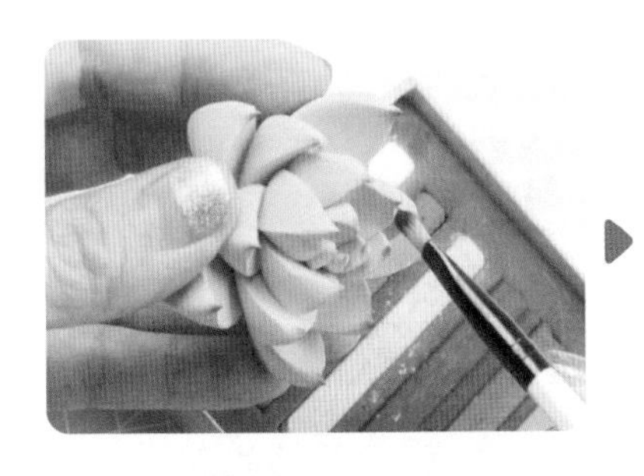

给叶片尖端涂一些粉红色。

制作不同种类的多肉

第1种

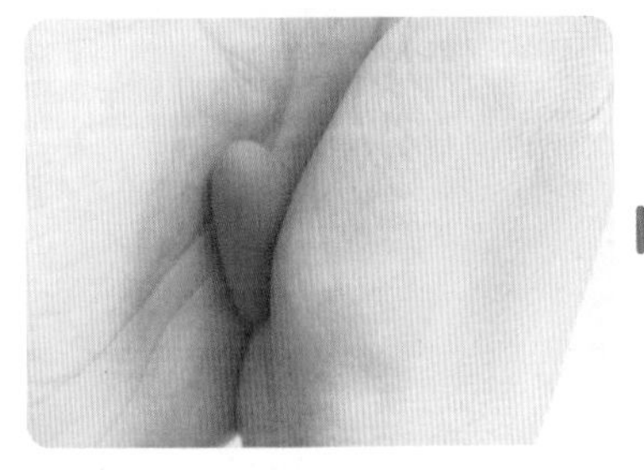

❶ 搓一些不同大小的叶片。

❷ 组装叶片并涂上颜色。

第2种

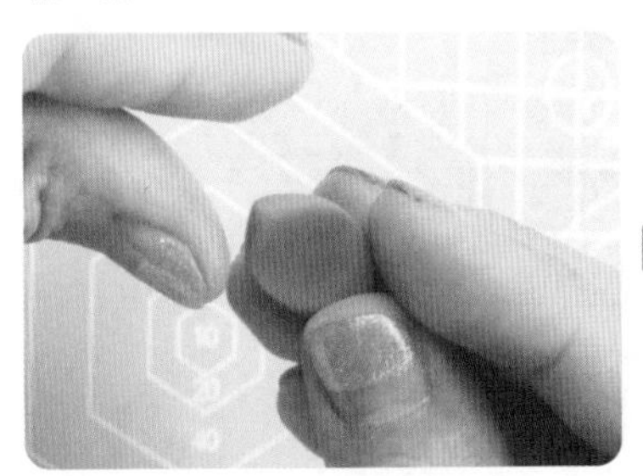

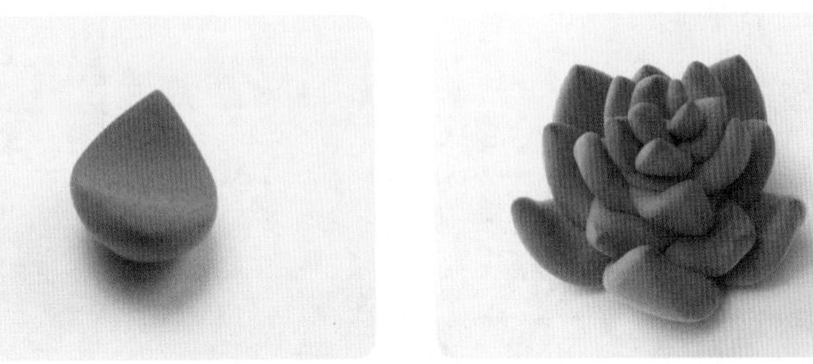

❶ 捏一些不同大小的叶片。

❷ 组装叶片并涂上颜色。

第3种

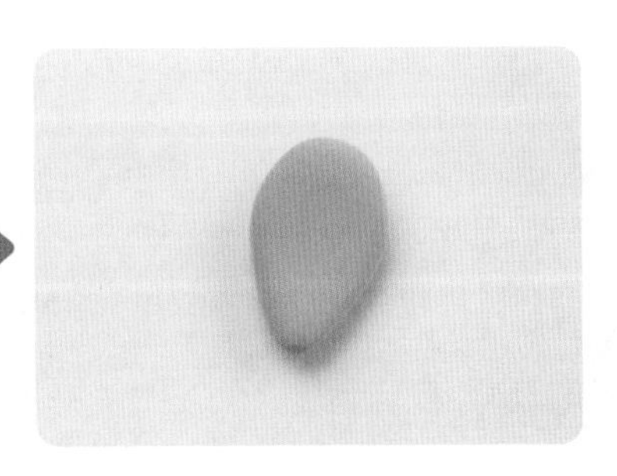

❶ 捏一些不同大小的叶片。

❷ 组装叶片并涂上颜色。

制作蘑菇

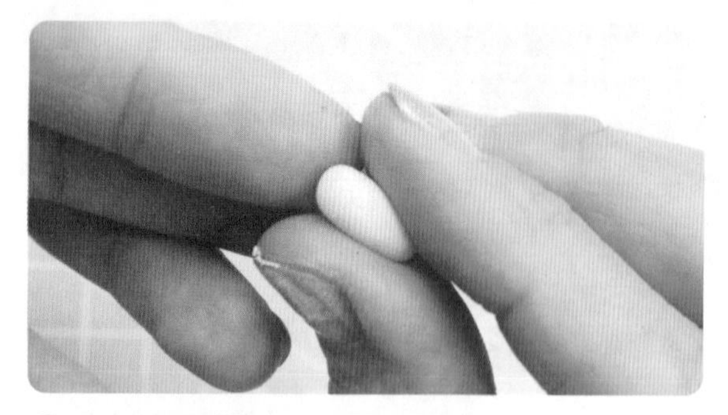

❶ 胖胖的蘑菇腿。

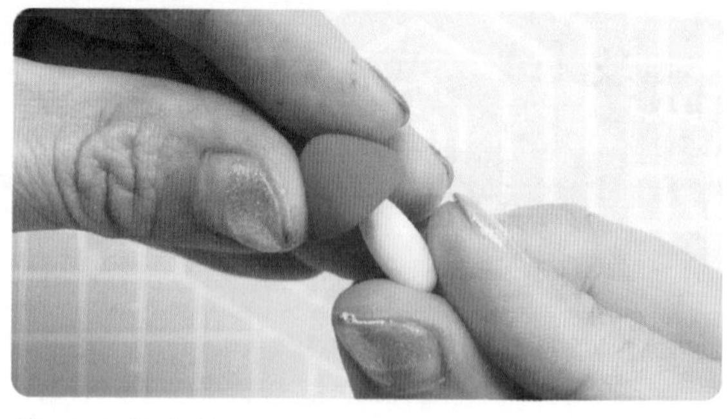

❷ 红红的伞盖。

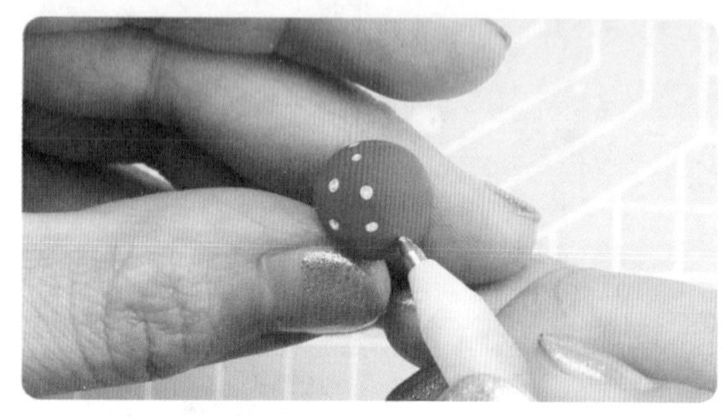

❸ 画上白色的小点点。

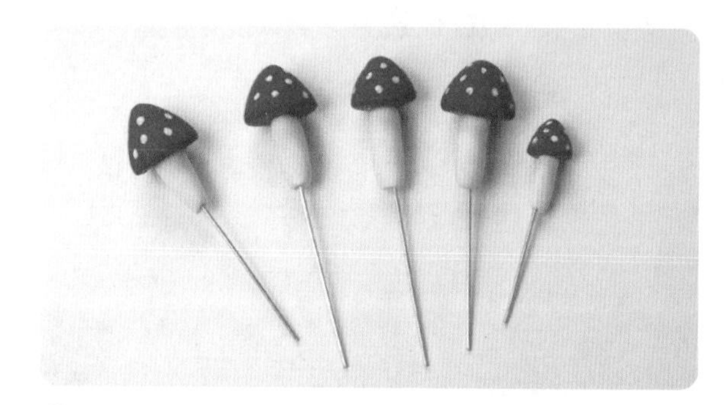

❹ 把铁丝穿进蘑菇里。

制作瓢虫

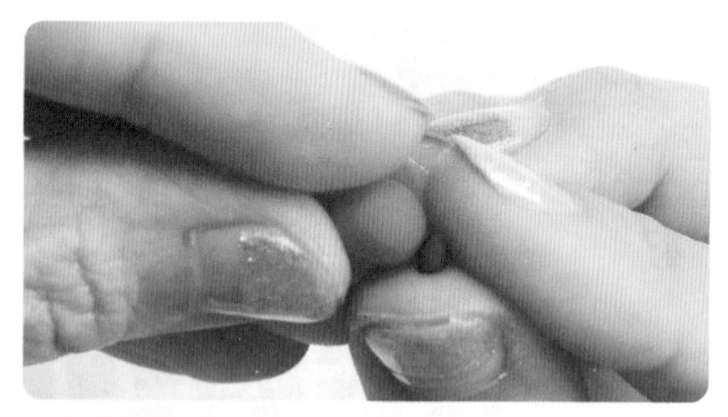

❶ 黑脑袋，红身体。

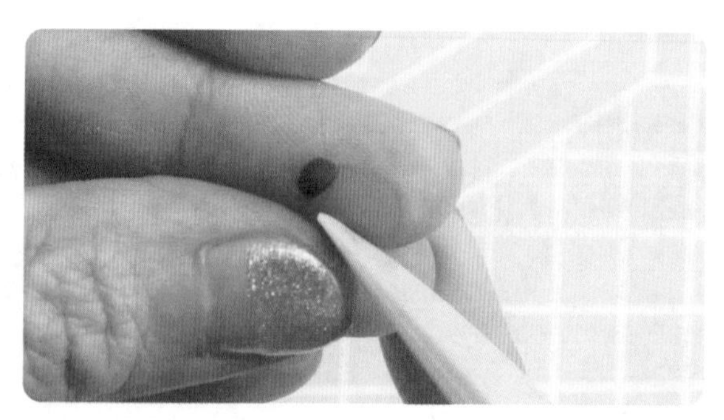

❷ 背上划一条凹痕。

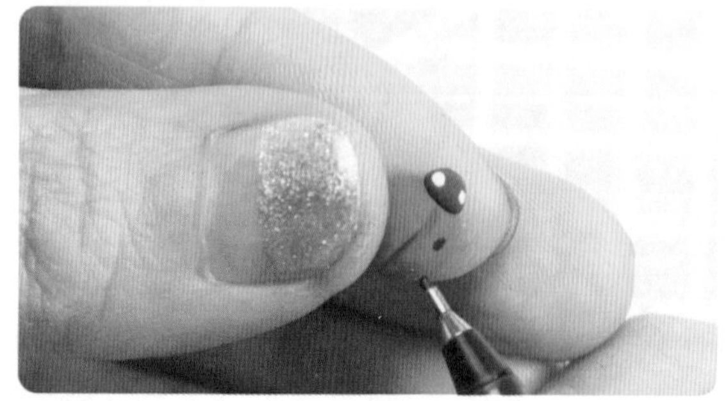

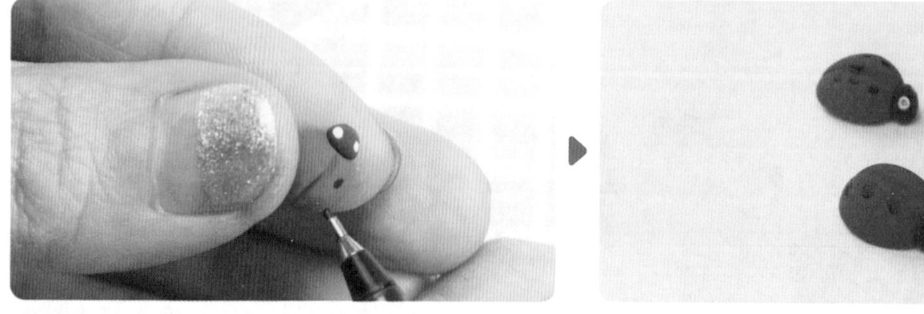

❸ 画上黑色的小点点。

制作指示牌

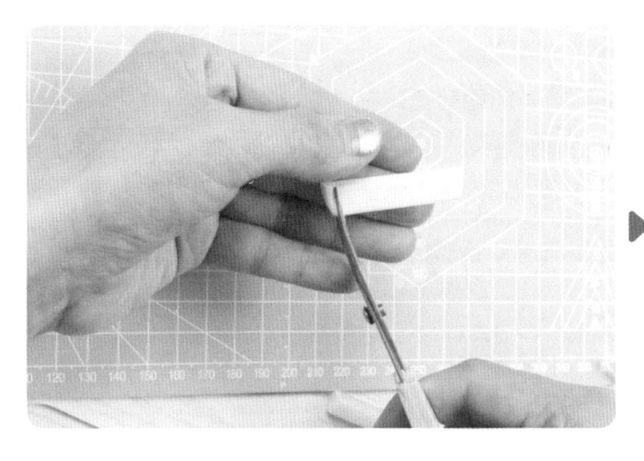

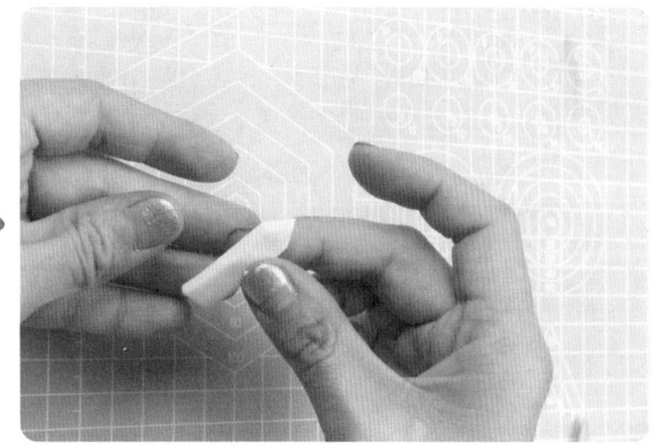

❶ 制作指示牌的木板。

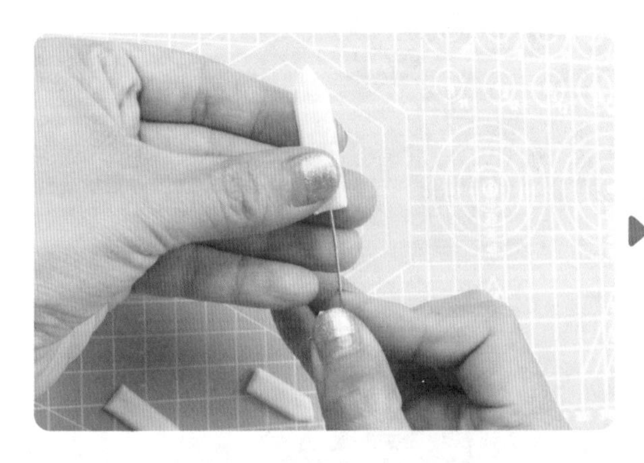

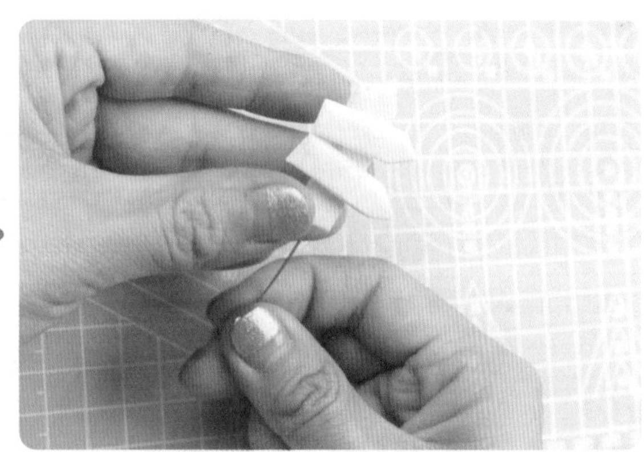

❷ 将指示牌安装好。

制作盆景

❶ 放入泥土和小石子。

❷ 将多肉栽到花盆中。

❸ 种上蘑菇，放好瓢虫，安装指示牌。

课后想一想

这节课我们制作了一盆漂亮的多肉盆景。同学们想一想，生活中还有哪些常见形态的多肉植物呢？试着将它们制作出来，再找一个花盆，组合成漂亮的盆景吧！在盆景中，我们还可以添加一些花草、蝴蝶、蜻蜓等，让你的作品更加生动哟！

第 13 课 丛林小刺猬

难易度：★★★ 建议时间：80分钟

同学们，你知道“眼睛圆，嘴巴尖，背着刺儿到处钻”这个谜语说的是哪种动物吗？这种动物在我们身边很少见，它的身上长满了刺，当遇到危险的时候，它就缩成一团，即使是凶猛的狮子、老虎也伤害不了它。它就是——刺猬！这节课，我们将创作一幅丛林小刺猬的黏土画。

升级你的作品

想象一只在草地里张望的小刺猬，它身边有青青的草地和盛开的花朵。创作时，我们可以将背景设成绿色，并在刺猬周围增加一些绿叶。为了让刺猬更可爱，可以给它围上一条红色的围巾。当然，我们也可以在背景上增加一些花朵，给刺猬戴上一些漂亮的饰品……

动手做一做

● **学习目标**

1. 了解黏土画创作的基本方法。
2. 熟练掌握各种工具的使用方法。
3. 掌握动物细节的刻画方法。

材料准备

黏土、画框、擀棒、固体水彩、色粉、笔刷、压痕工具、尖头镊子、抹刀、丸棒、压板、剪刀

制作刺猬的头和身体

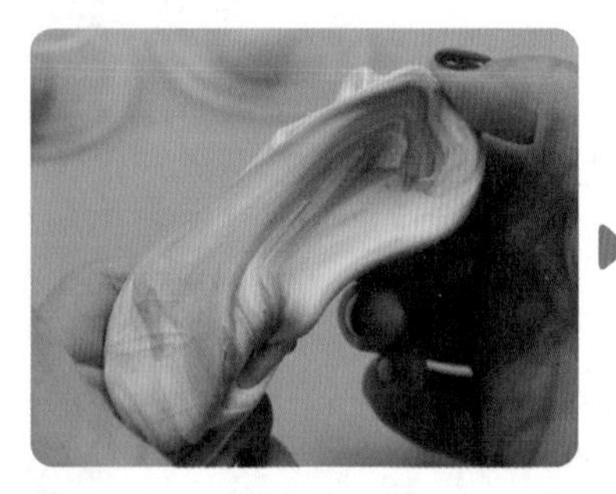
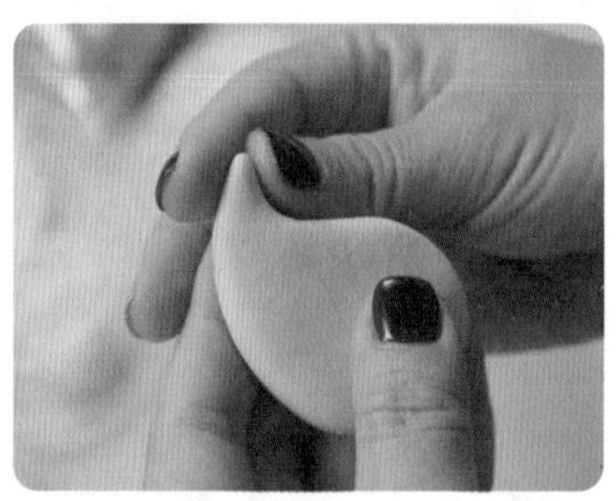

❶ 捏出扁扁的脑袋和尖尖的鼻子。

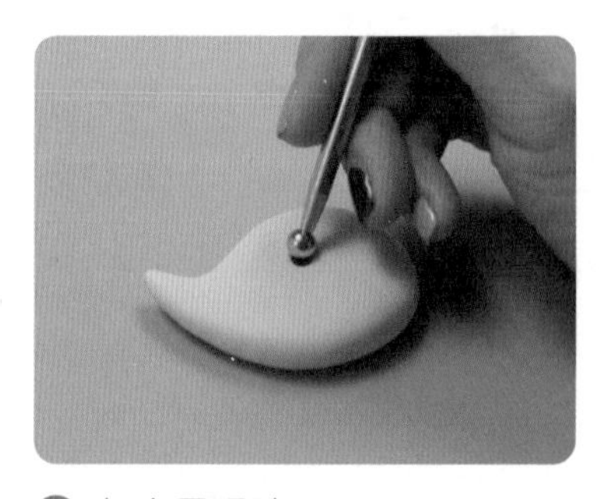

❷ 加上黑眼睛。

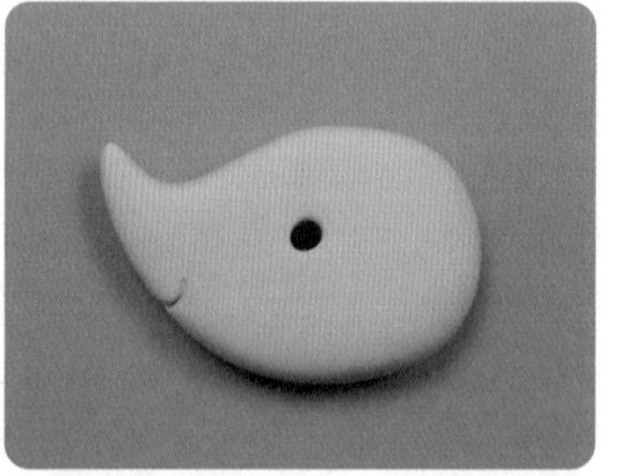

❸ 划出嘴巴。

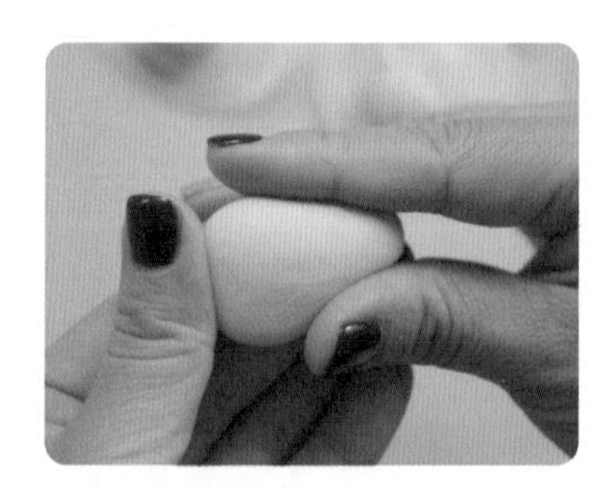

❹ 胖胖的身体。

❺ 把身体和脑袋连接起来。

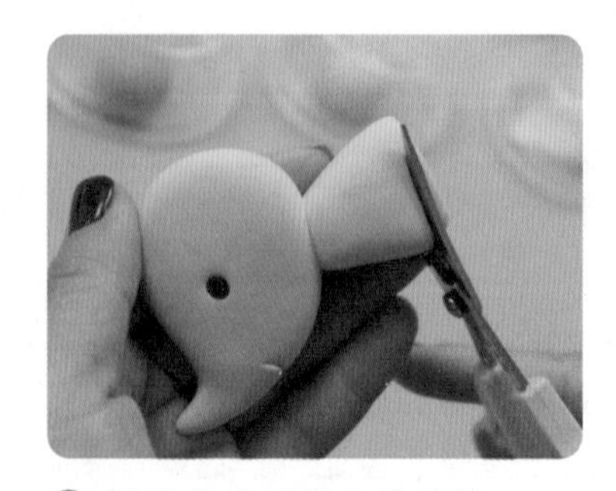

❻ 将身体底部多余的剪掉。

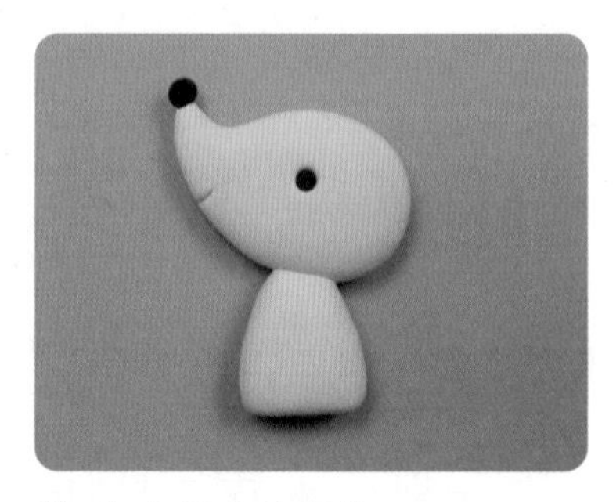

❼ 加上黑色的鼻头。

给刺猬戴上围巾

❶ 给刺猬戴一条红色围巾。

❷ 将围巾压出凹痕。

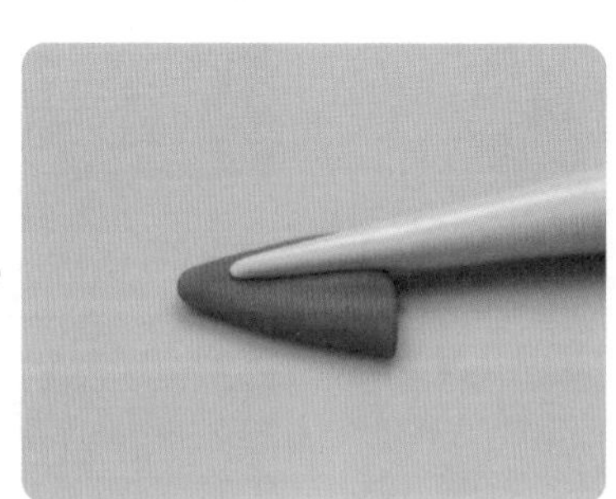

❸ 给刺猬系上漂亮的蝴蝶结。

制作刺猬背上的刺

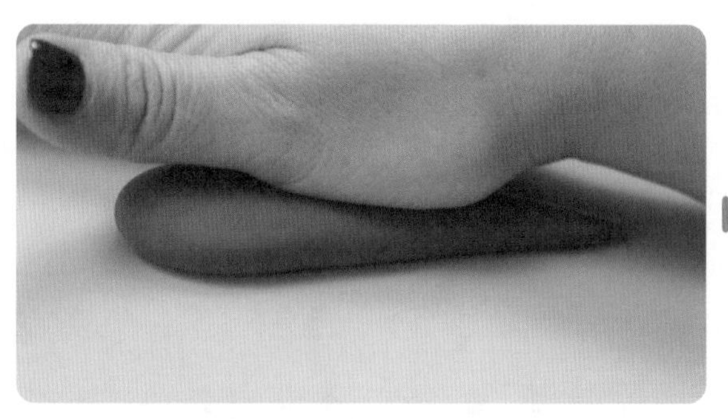

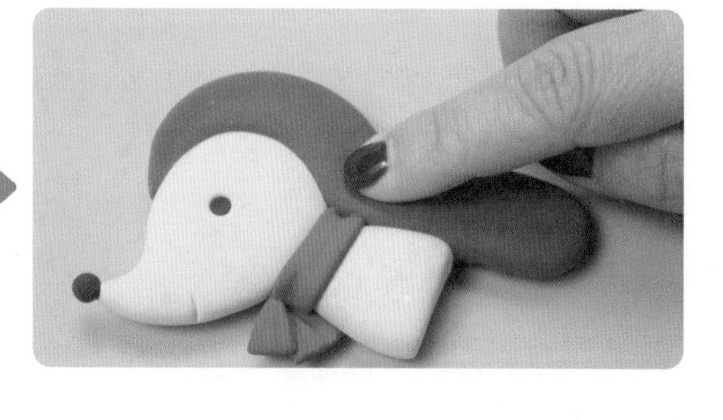

❶ 头部和身体贴上皮肤。

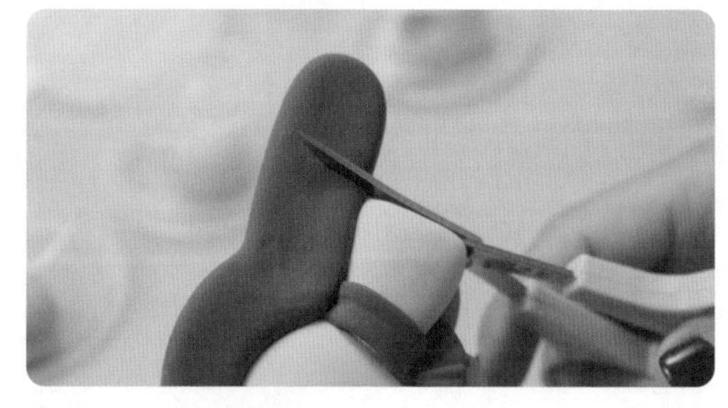

❷ 剪掉多余的部分。

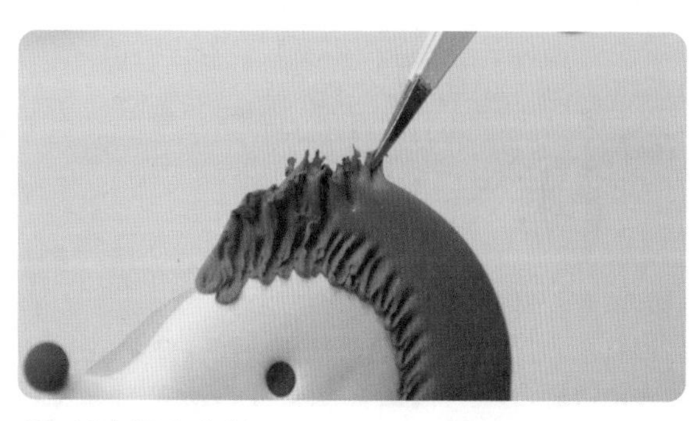

❸ 长出很多小刺。

制作背景板

1 浅绿色的背景板。

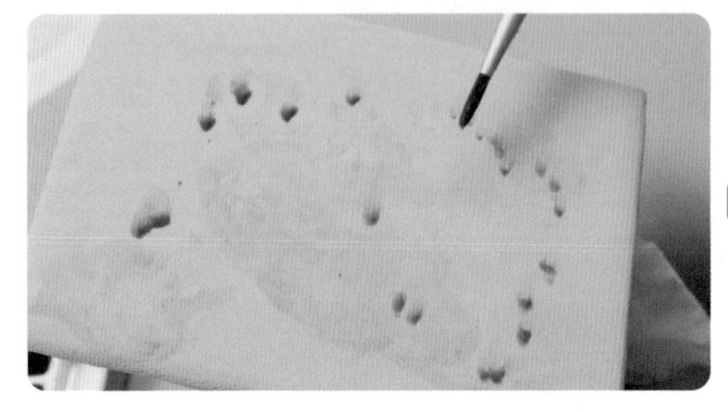

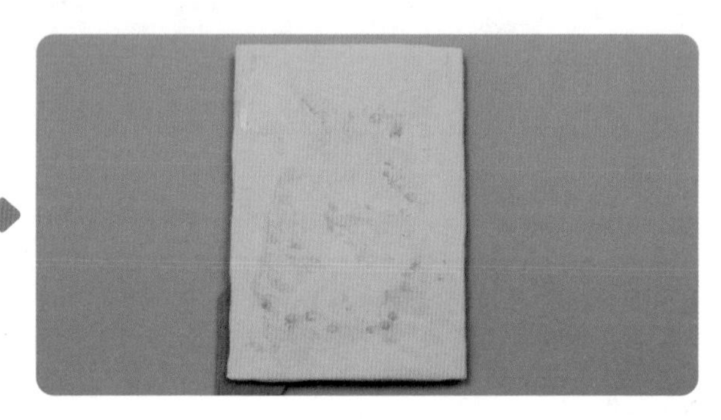

2 随意涂一些绿色。

制作叶子

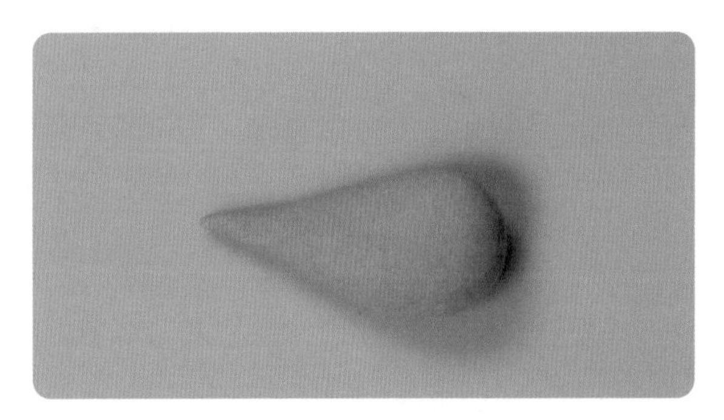

1 捏成水滴状。

2 压扁后划出叶脉。

3 将叶子剪出锯齿状。

4 戳一些小洞。

制作树枝

① 弯弯的树枝。

② 嫩绿的叶子。

③ 把刺猬装进相框里。

制作刺猬的耳朵

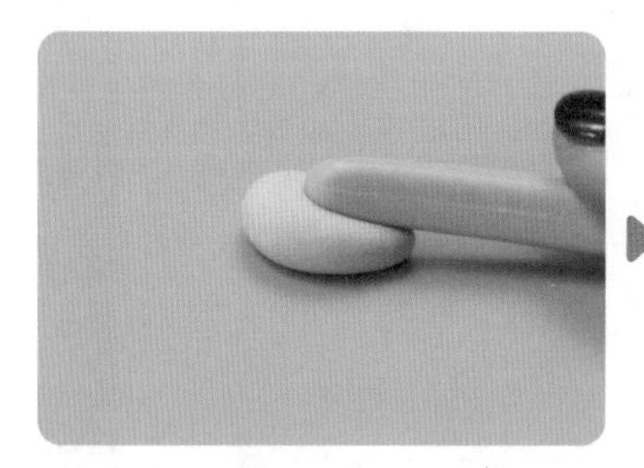

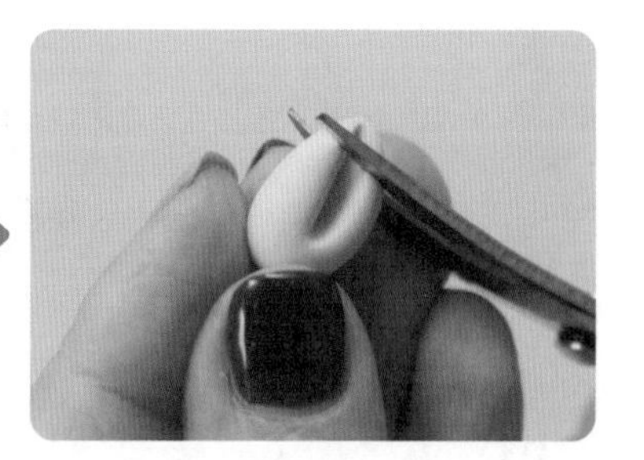

① 肉肉的小耳朵。

② 将耳朵粘好。

制作刺猬的小手

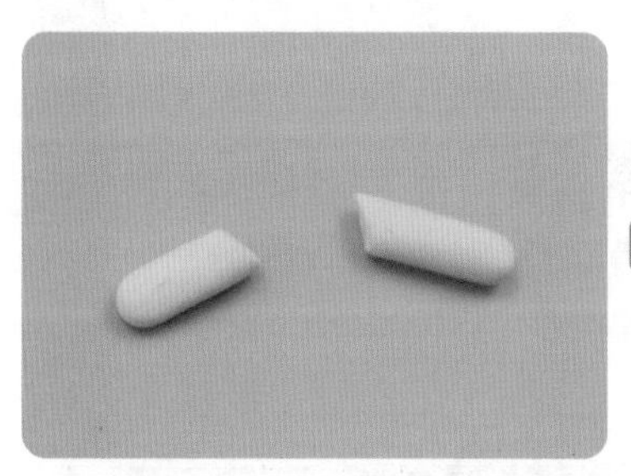

加上圆圆的小手。

给刺猬化妆

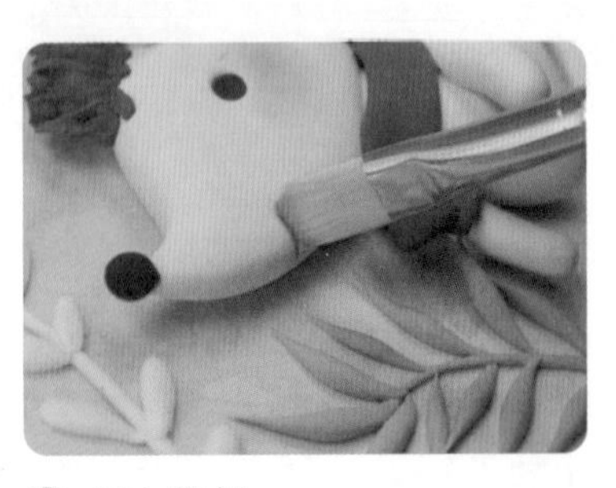

❶ 画上腮红。

❷ 给叶子涂一些深色和白色。

课后想一想

这节课我们创作了一幅丛林小刺猬。想一想，是否可以按照这种方法创作其他动物的黏土画呢？在第10课的课后环节，我们让同学们尝试创作了一只可爱的兔子。右图就是一幅兔子黏土画作品，你也来试一试吧！

第14课 小巧人物

难易度：★★★　建议时间：50分钟

同学们，前面我们已经学会了创作食物、植物、动物等。这节课我们终于可以创作人物啦！学完本节课后，赶紧以爸爸妈妈或者自己喜欢的小伙伴为主题，创作一幅人物黏土画，作为礼物送给他们吧！

升级你的作品

你见过这样的小姑娘吗？她歪着脑袋，睁着大大的眼睛，仰望着天空，她在看什么呢？创作时，我们可以重点表现小姑娘的表情和神态，并设计成Q萌的人物形象，让作品更加生动可爱。

动手做一做

• 学习目标

1. 了解Q萌人物创作的方法。
2. 熟练掌握各种工具的使用方法。
3. 学习给人物化妆的技巧。

材料准备

黏土、擀棒、色粉、笔刷、源木板、压痕工具、丸棒、剪刀、压板

制作可爱的脸蛋

❶ 捏一个圆饼。

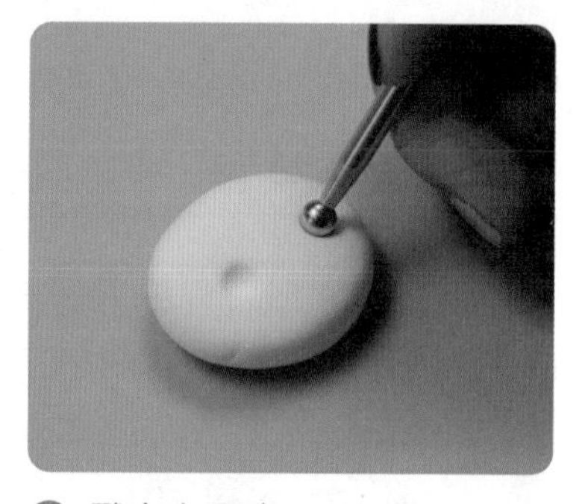

❷ 戳出小眼睛。

❸ 安上圆鼻子。

❹ 戳出小嘴巴。

❺ 涂点眼影。

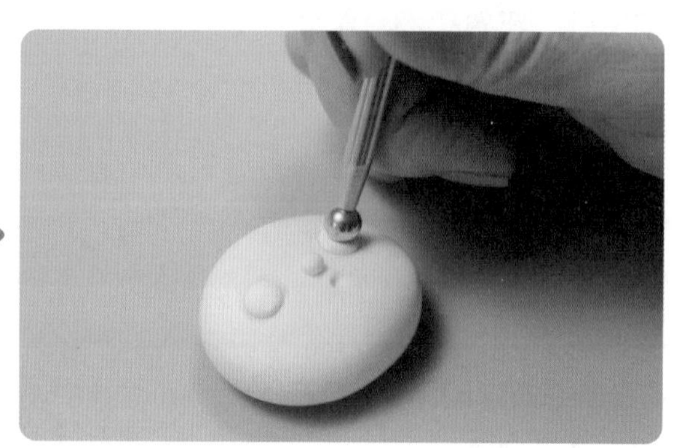

❻ 两颗眼珠放入眼眶。

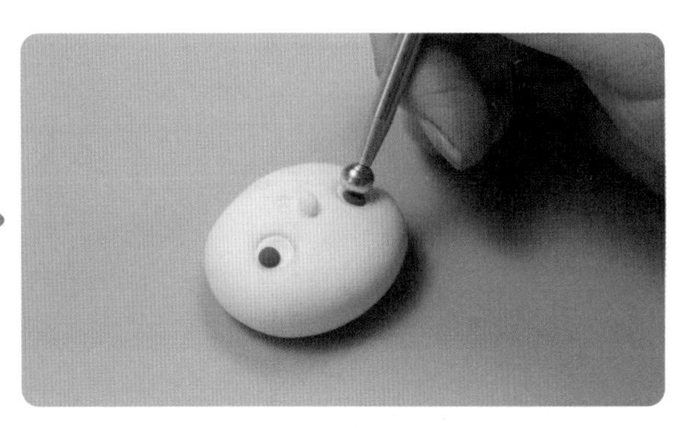

7 加上黑眼仁。

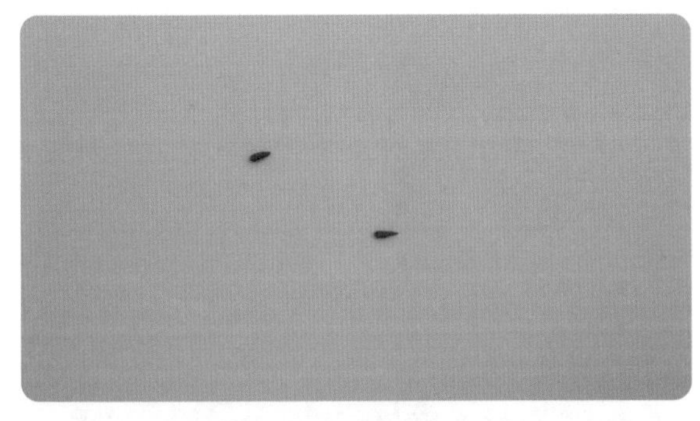

8 粘上细细的眉毛，在黑眼仁中画上白色小点。

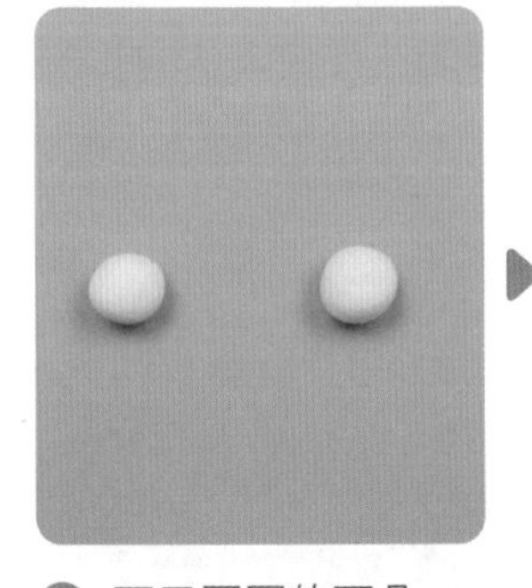

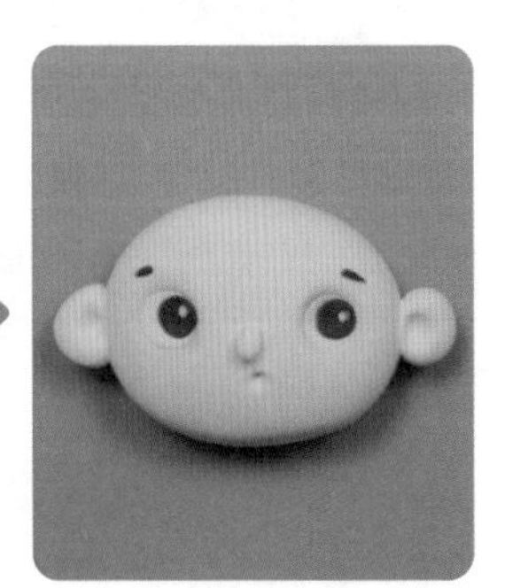

9 两只圆圆的耳朵。

制作漂亮的头发

1 加上头发。

❷ 剪掉多余的头发。

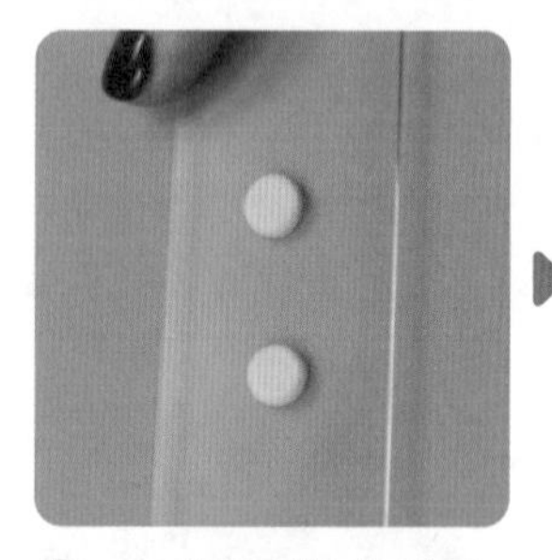
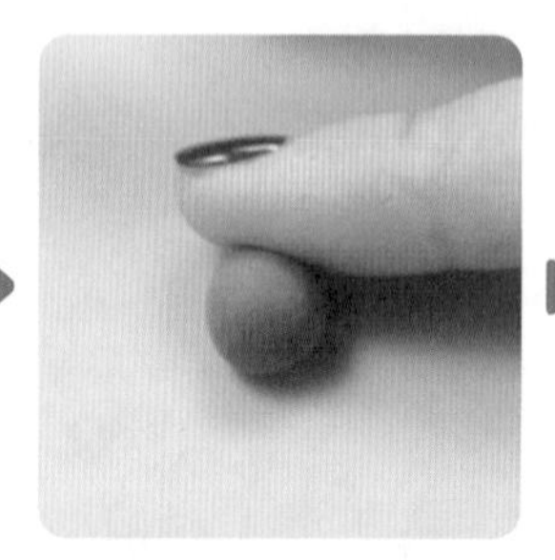

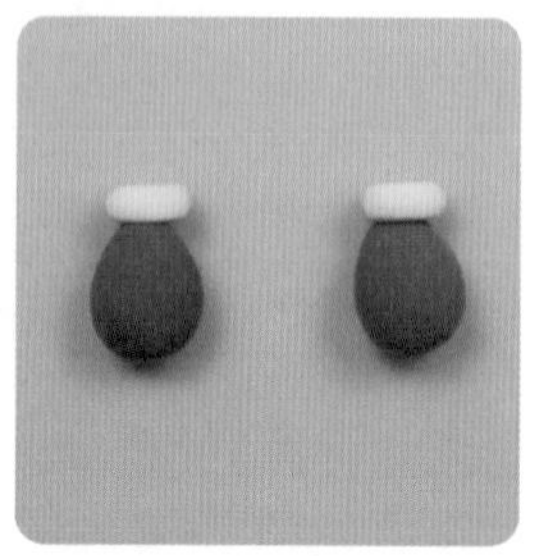

❸ 一对可爱的小辫子。

❹ 系上辫子。

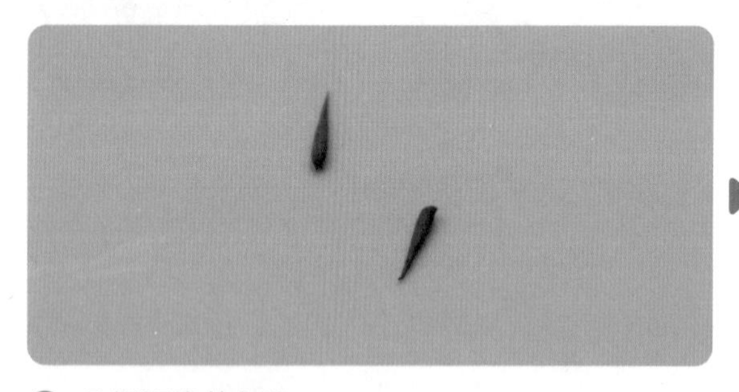

❺ 几根飘逸的刘海。

❻ 头发飞起来了！

❼ 给小妹妹梳头吧！

制作身体

❶ 捏出身体，将两端剪平。

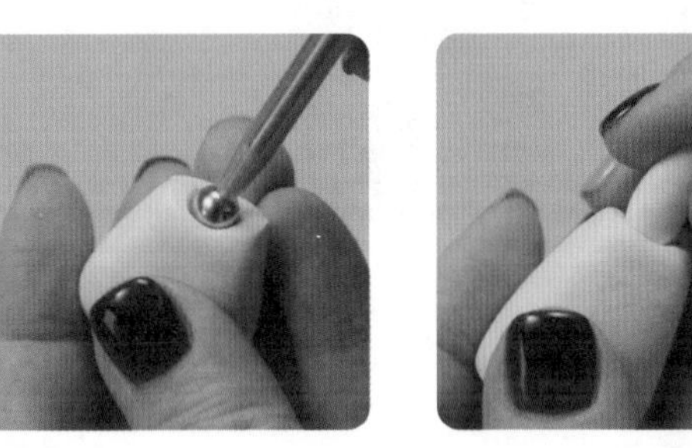

❷ 压一个小洞。

❸ 放上细长的脖子。

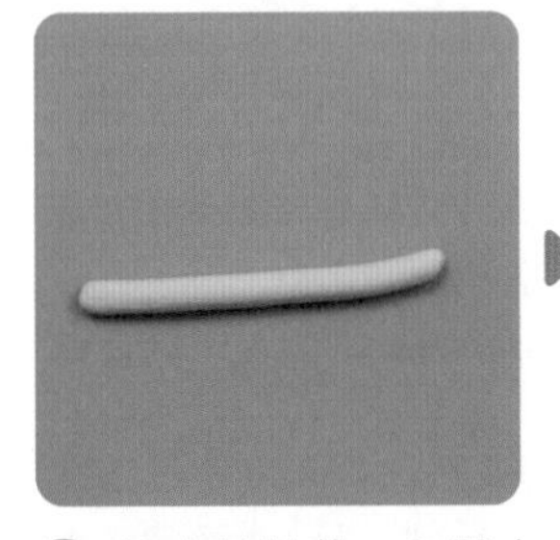

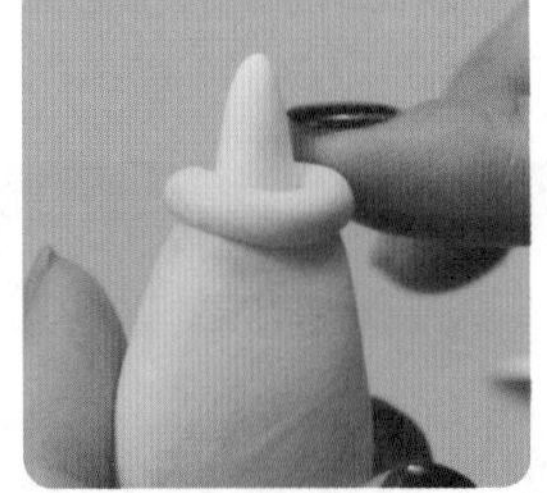

❹ 给小妹妹戴一条围巾。

❺ 将小妹妹固定在相框中。

制作小手和爱心

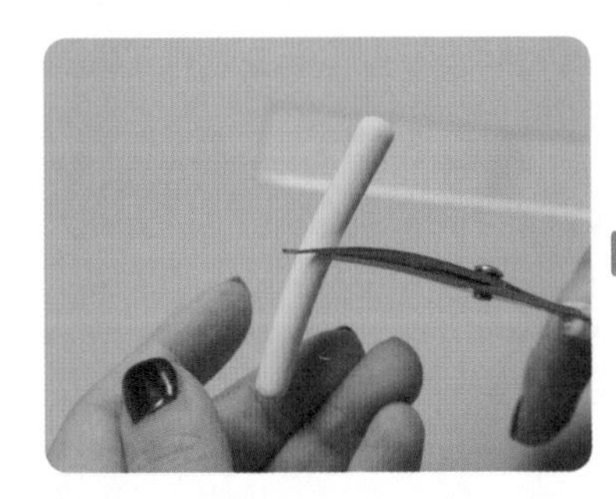

❶ 细长的手臂。

❷ 将身体底部剪平。

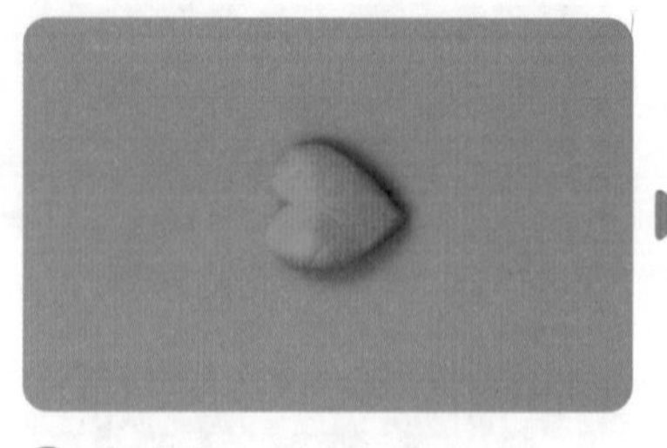

3 在衣服上加一颗红心。

给小朋友化妆

1 画上腮红。

2 在头发和红心上画一点白色。

课后想一想

学会了人物黏土画的创作，你想给谁创作一幅Q萌的作品呢？是亲爱的爸爸妈妈，还是慈祥的爷爷奶奶？是一起玩耍的好朋友，还是面包店胖乎乎的面包师傅呢？左图是一位可爱的面包师傅，你是不是也想试一试呢？

第15课 小松鼠和橡果屋

难易度：★★★★★　建议时间：90分钟

同学们，我们创作的作品是不是越来越难，但是也越来越有成就感了？其实，只要我们用心观察，生活中适合创作的场景比比皆是，再加上我们丰富的想象，就一定能创作出生动有趣的作品。这节课我们来创作一幅可爱的松鼠作品。

升级你的作品

想象一只可爱的松鼠正在津津有味地吃着橡果。创作时，如果我们只是简单地将松鼠和橡果用黏土创作出来，是不是太容易了？今天，我们要脑洞大开，把松鼠最爱的橡果变成一座漂亮的房子，在房子的周围种上一些美丽的花朵，松鼠正在窗户边开心地晒太阳……

动手做一做

• 学习目标

1. 了解创意作品的创作思路。
2. 掌握各种工具的使用方法。
3. 掌握制作创意作品的流程和方法。

材料准备

黏土、画框、擀棒、固体水彩、笔刷、线笔、铁丝、牙签、造花白棒、画笔、镊子、记号笔、抹刀、丸棒、压板、剪刀、压痕工具

制作橡果屋

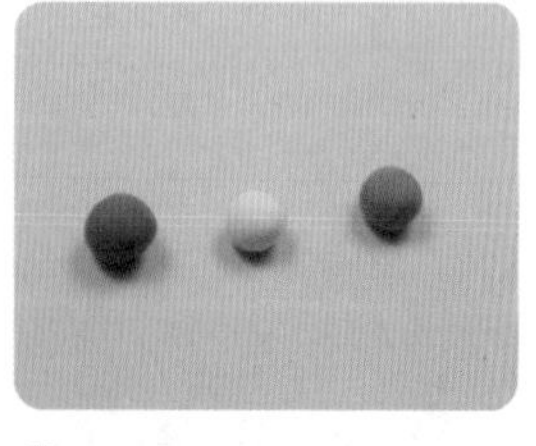
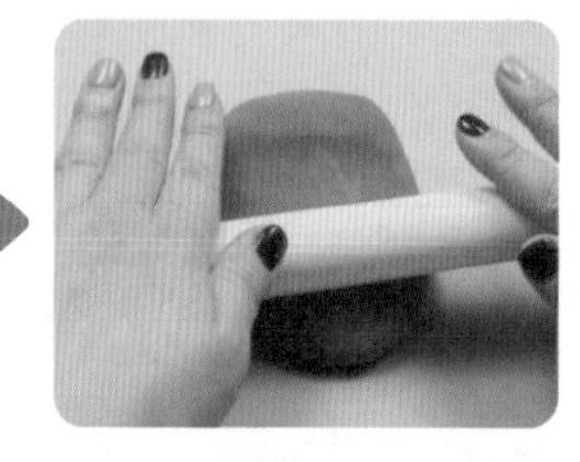
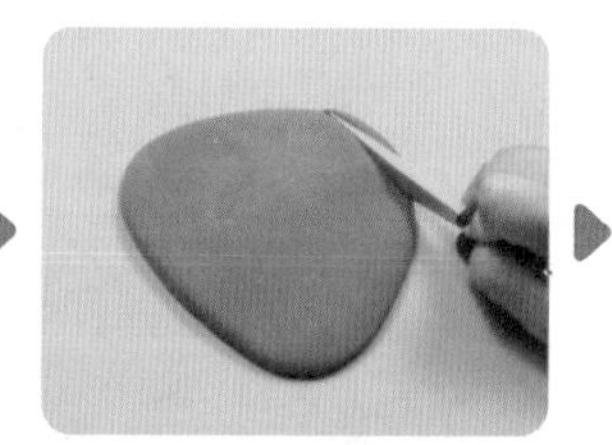

❶ 2 种颜色的黏土混合，做出橡果屋圆圆的外形。

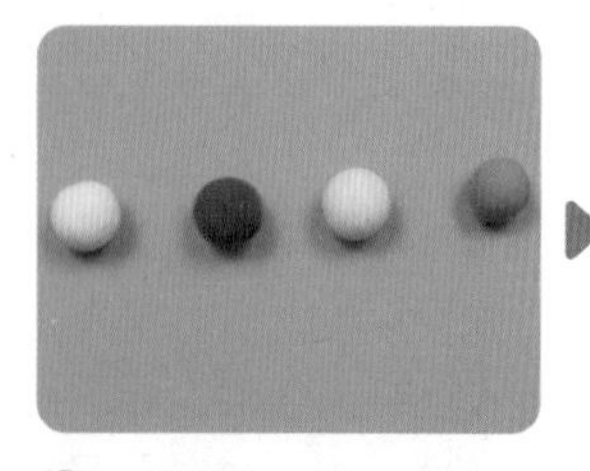
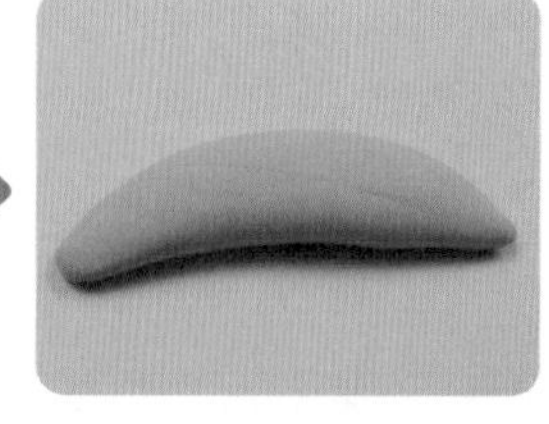
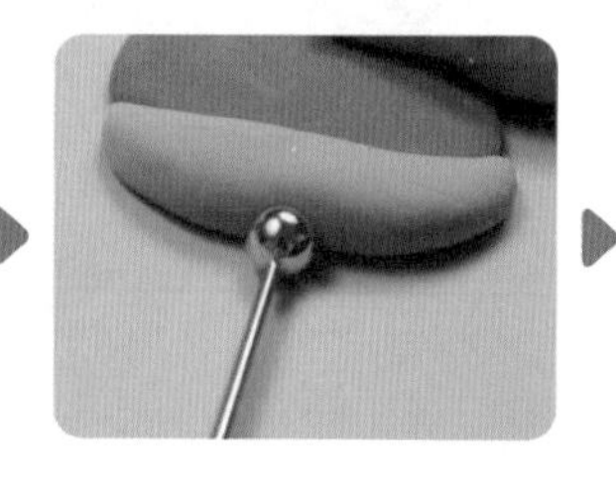
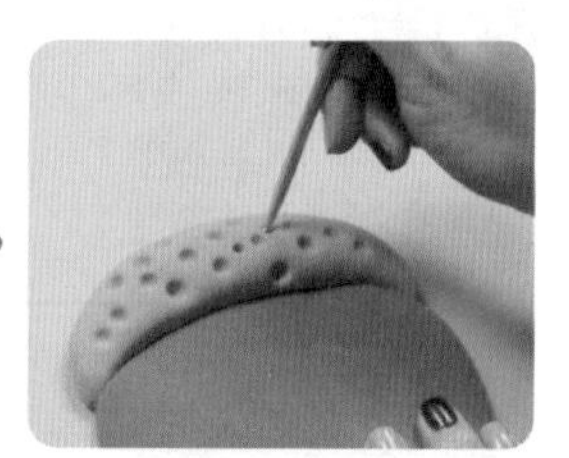

❷ 3 种颜色的黏土混合，做出带有很多小孔的屋顶。

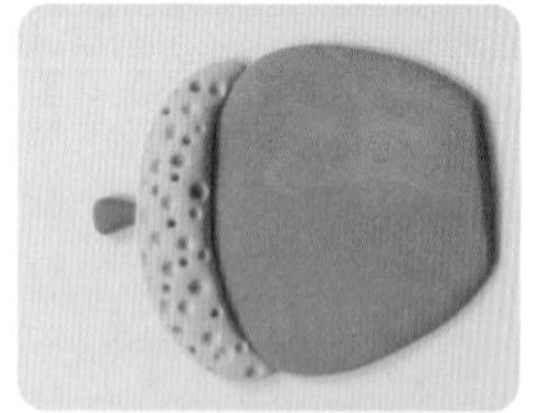
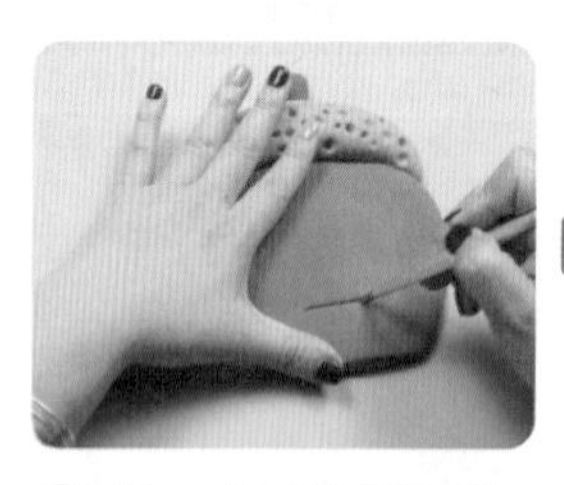
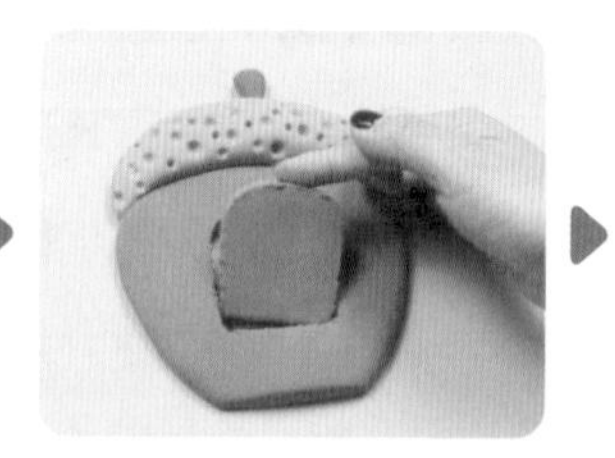

❸ 给屋顶加个烟囱。

❹ 挖一个圆拱形的洞。

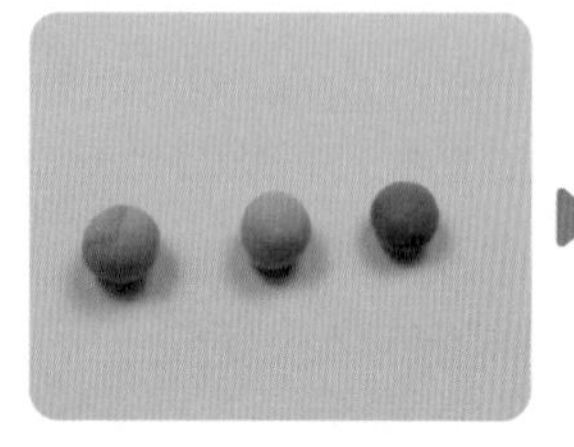
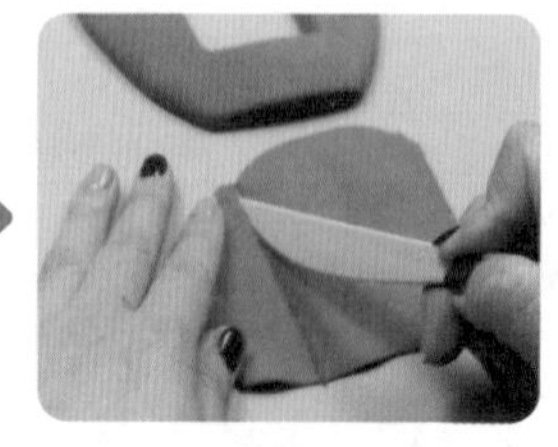
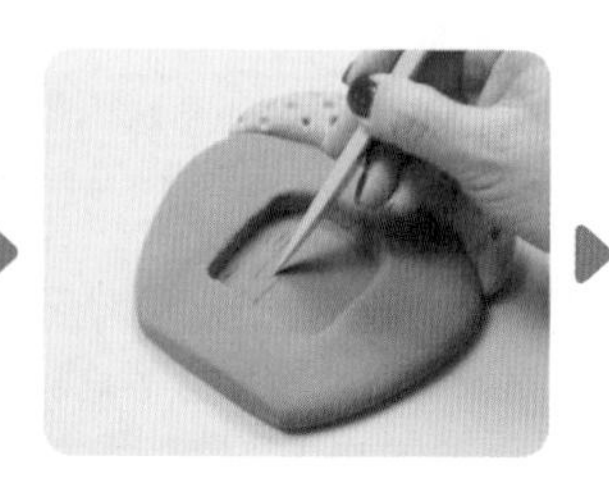

❺ 将 2 种颜色的黏土进行混合，制作屋子墙壁背景。

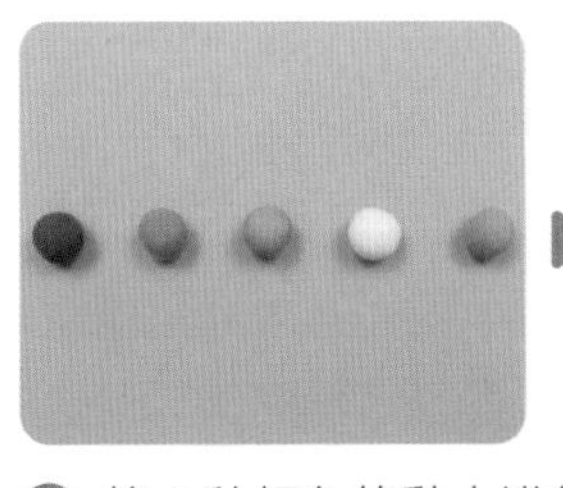
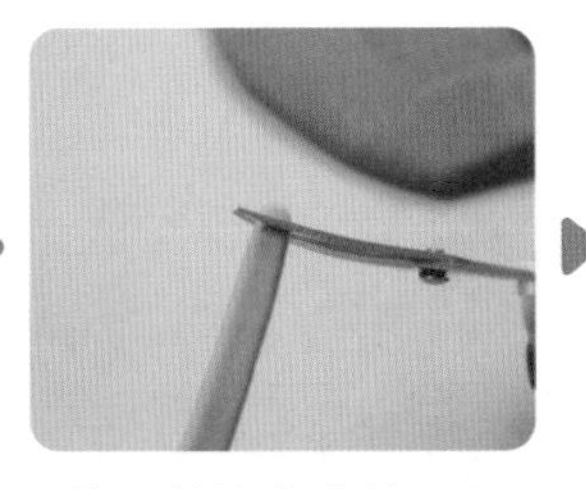

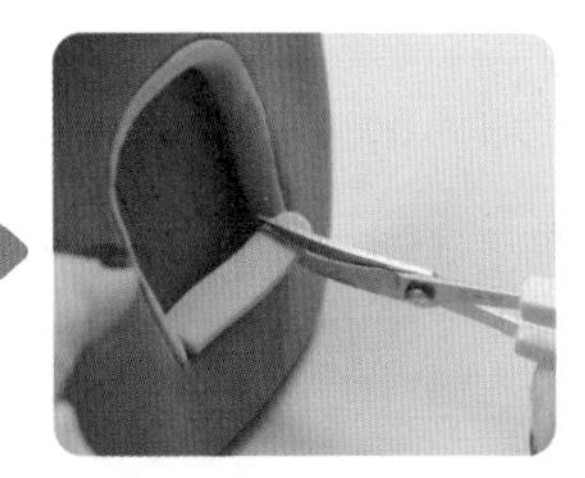

6 将 4 种颜色的黏土进行混合，装饰窗户的四周。

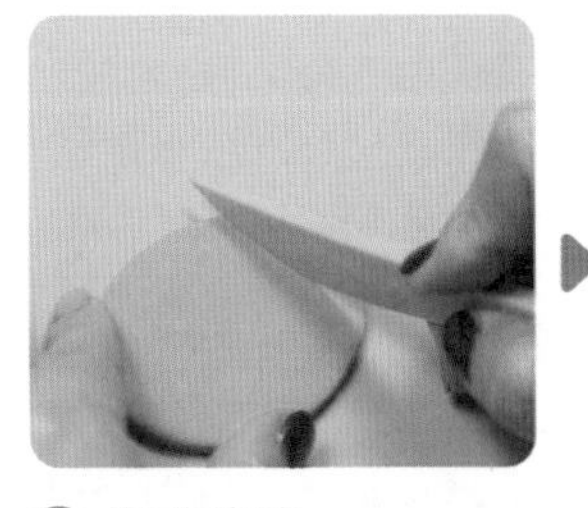

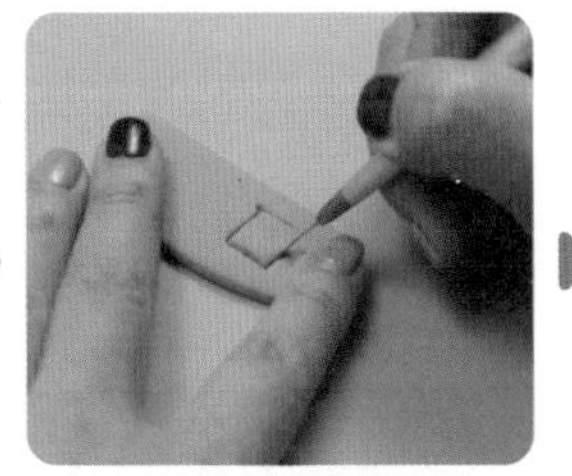
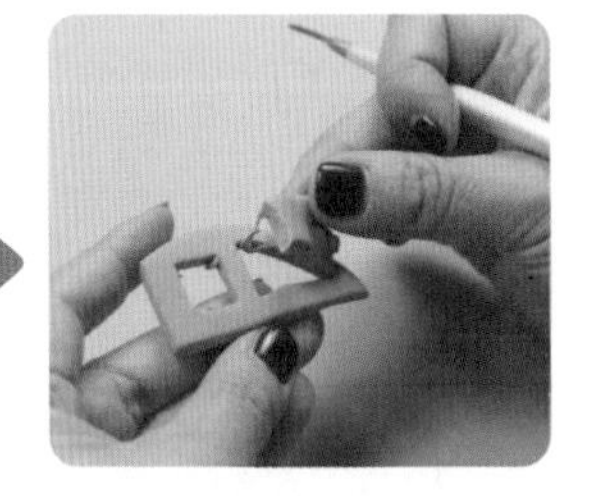

7 制作窗户。

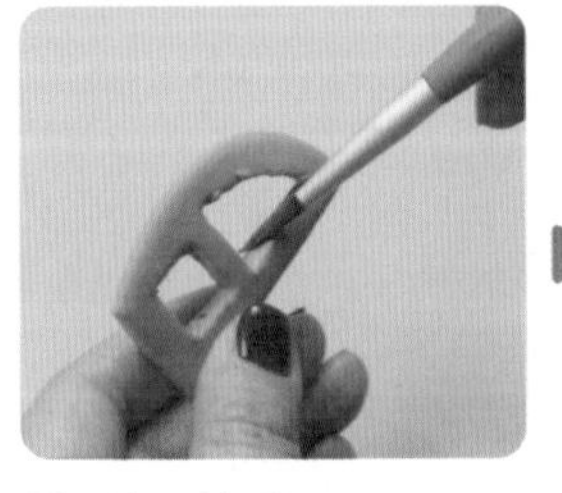

8 清理窗户。

9 将窗户固定好。

制作小松鼠的脑袋

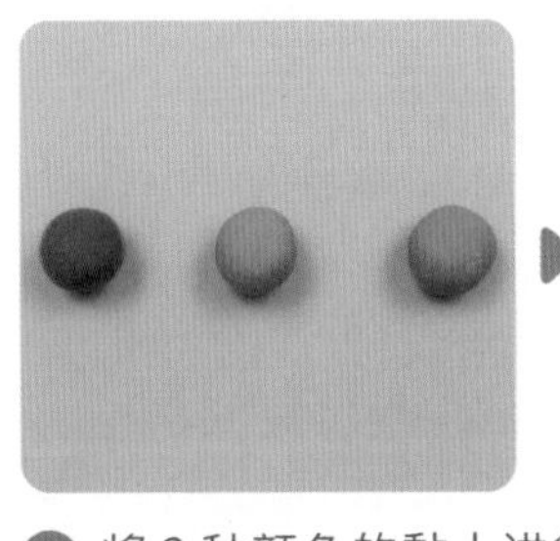

1 将 2 种颜色的黏土进行混合，捏出圆脑袋、尖鼻子。

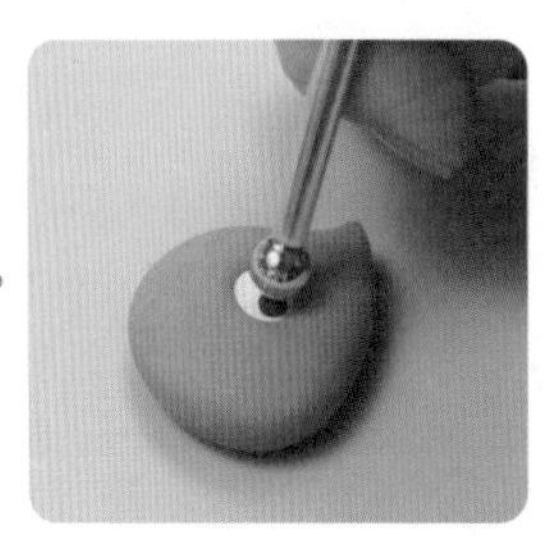

2 安上黑眼珠。

3 画个白色小点。

4 圆圆的鼻头。

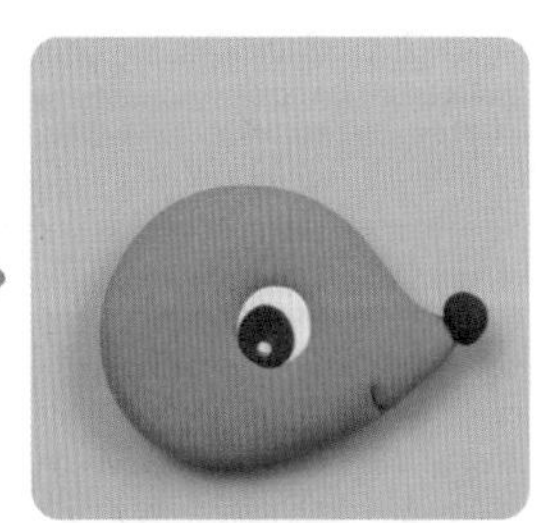

5 划出小嘴巴。

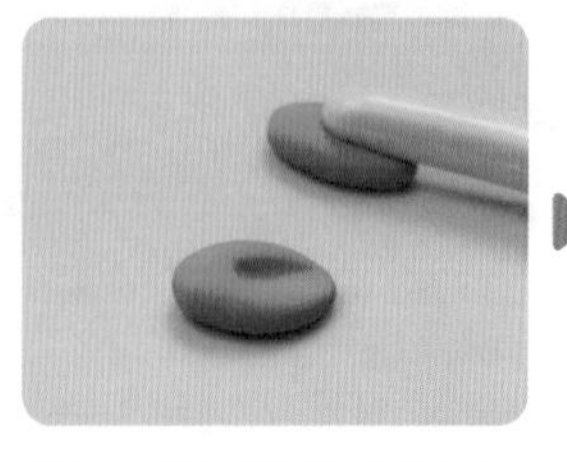

⑥ 一对可爱的小耳朵。

制作身体和尾巴

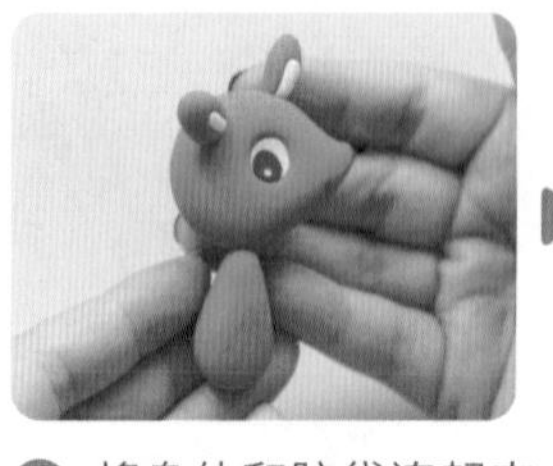
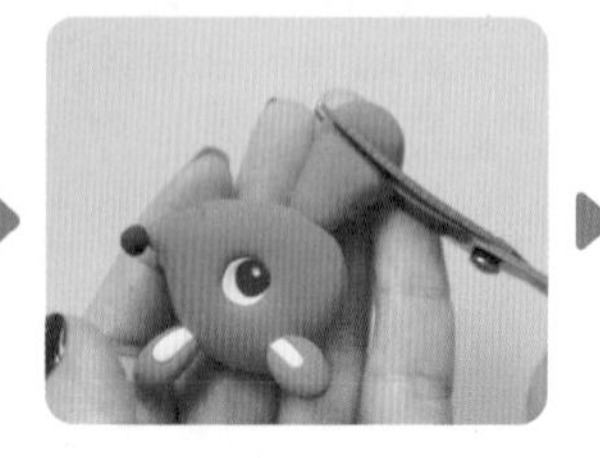

① 将身体和脑袋连起来。

② 三角形的围巾。

③ 将围巾围上。

④ 将松鼠插到窗户上。

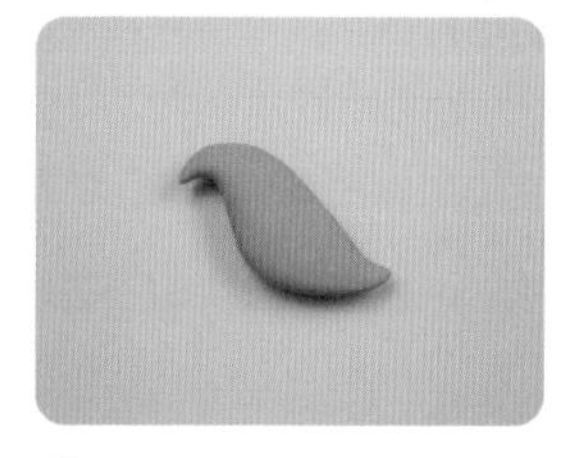

⑤ 漂亮的尾巴。

⑥ 将尾巴组装好。

制作背景板

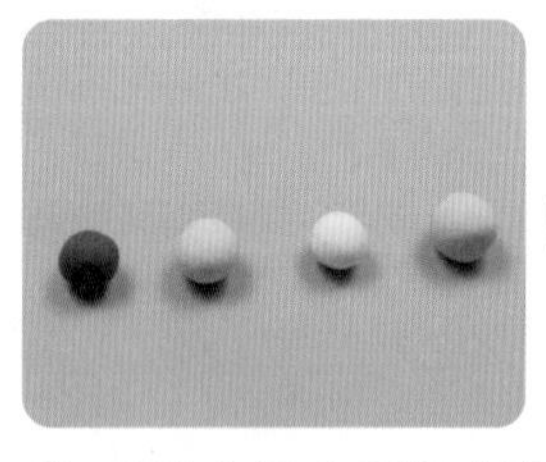
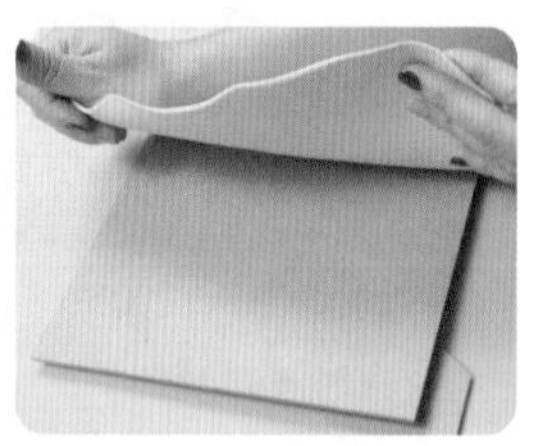
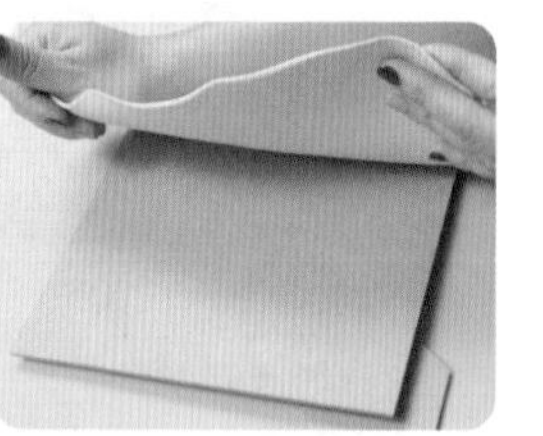

① 将黏土混合后揉成薄饼，覆盖在背景板上。

② 戳一些分散的小洞。

制作小花朵

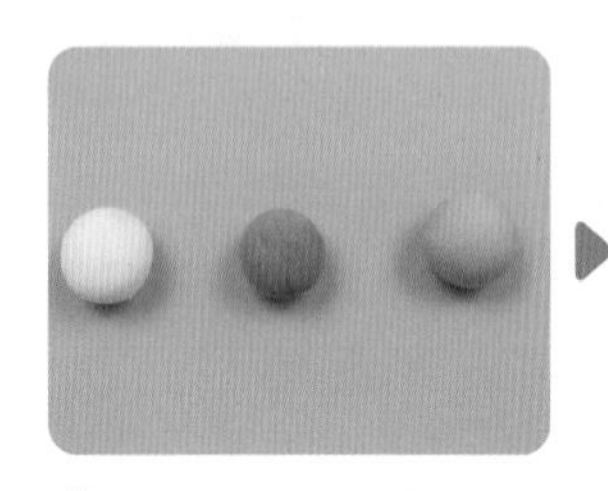
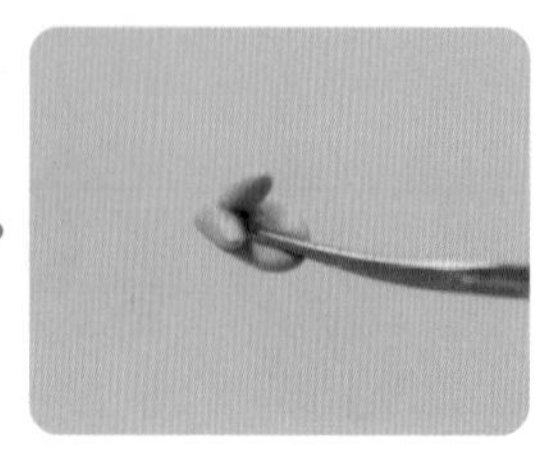

① 用混合后的黏土剪一朵小花。

② 加上白色的花蕊。

制作小果子

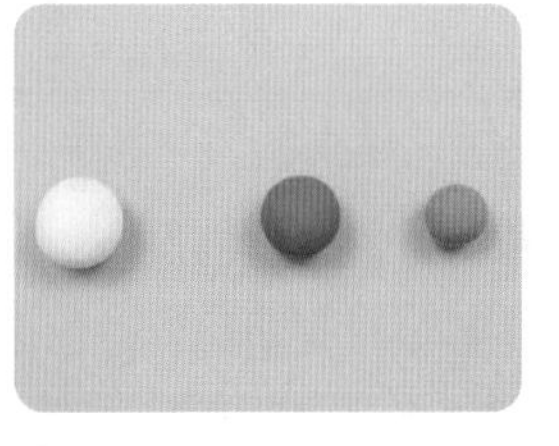
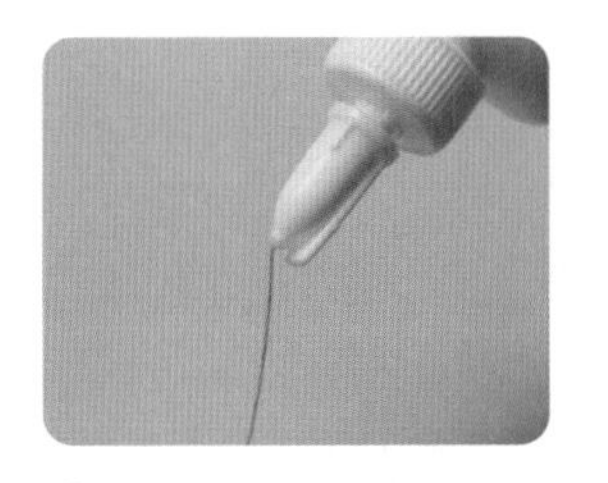
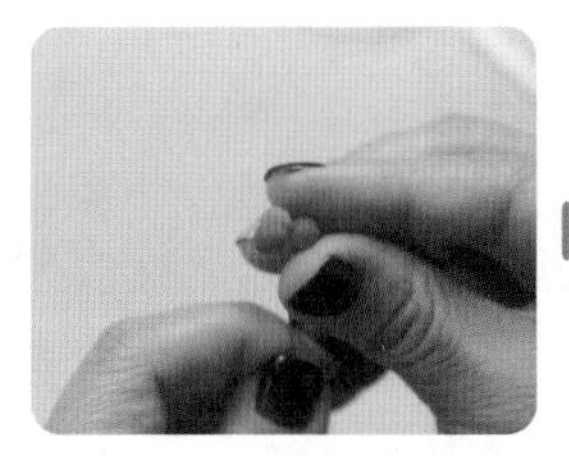
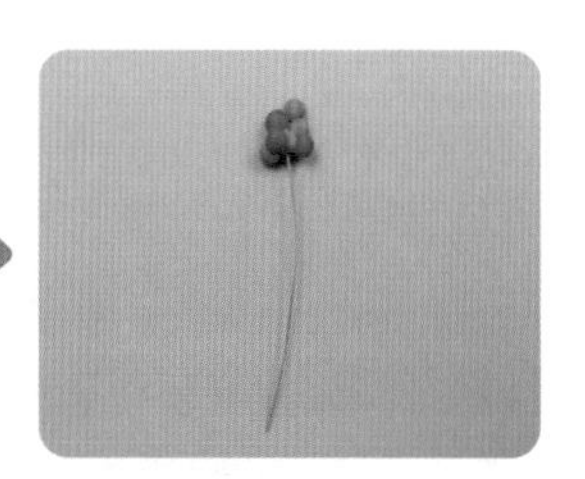

❶ 将黏土混合在一起。

❷ 铁丝涂上胶水。

❸ 粘上红色的小球。

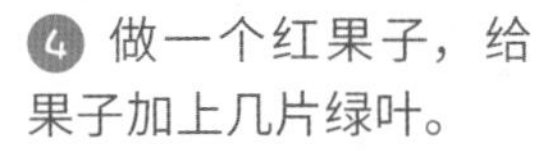

❹ 做一个红果子，给果子加上几片绿叶。

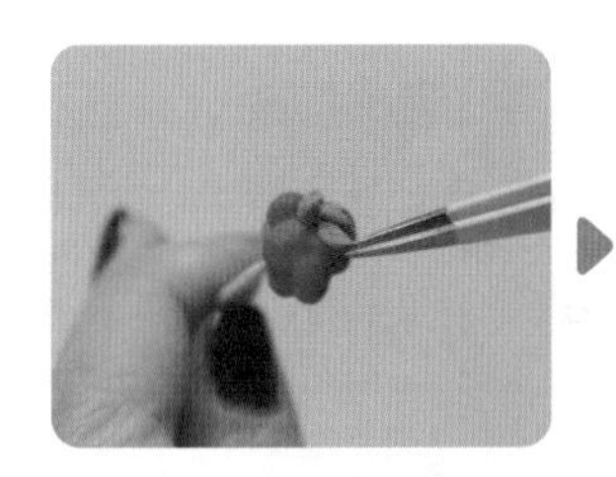

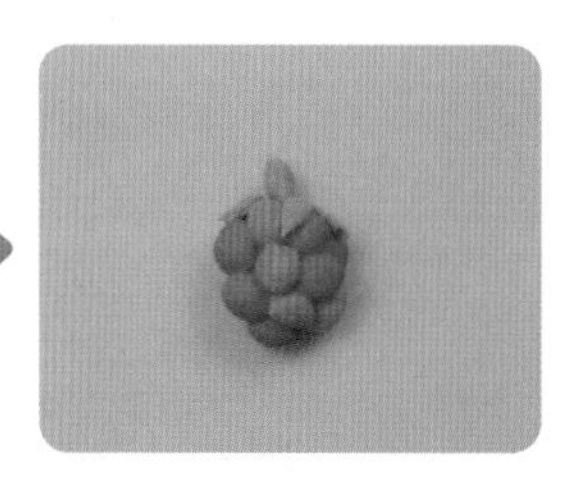

制作小树枝

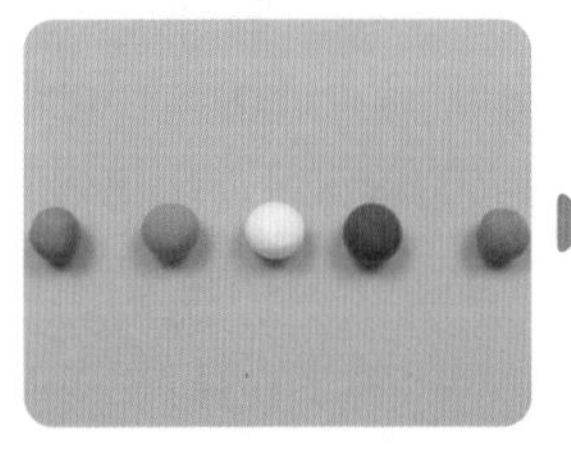
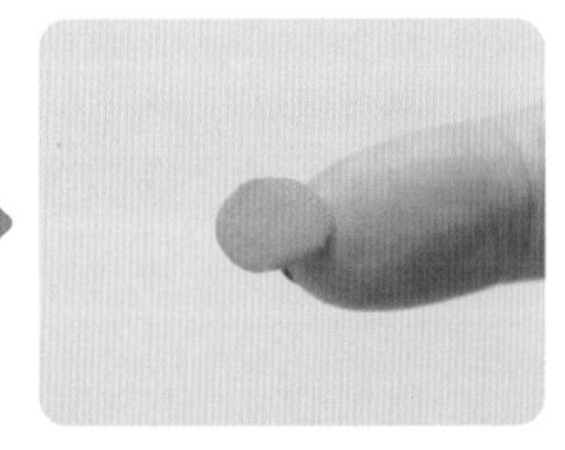
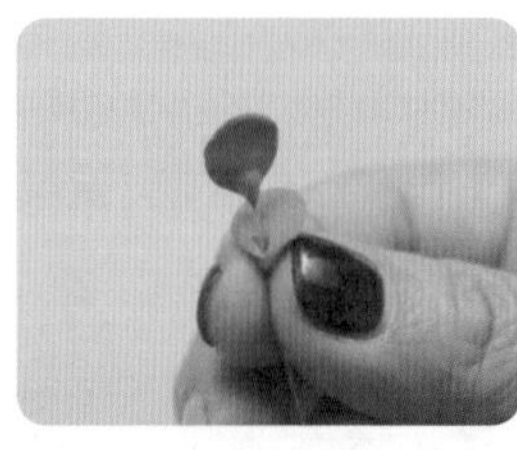

❶ 将4种颜色的黏土进行混合，捏一片圆圆的叶子。

❷ 将叶子依次固定在铁丝上。

制作绿草

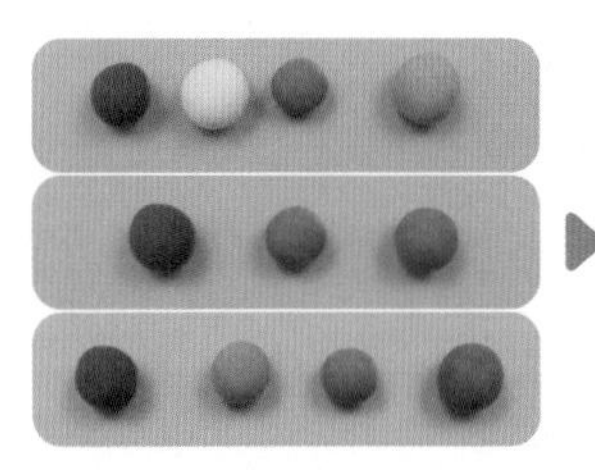
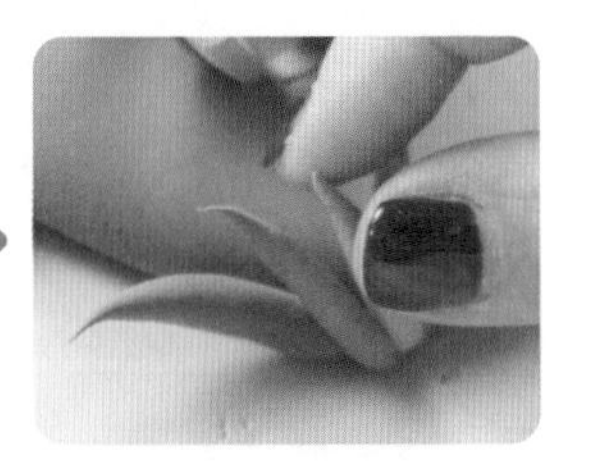

❶ 用不同的黏土混合，制作绿草。

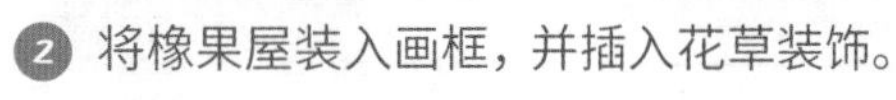

❷ 将橡果屋装入画框，并插入花草装饰。

制作小手

让松鼠用小手抱着红果子。

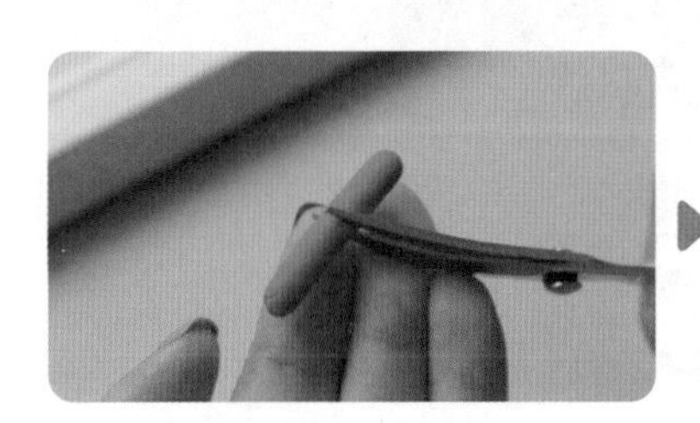
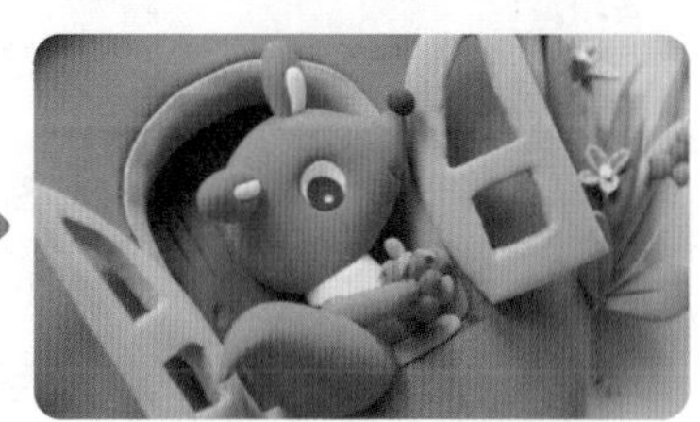

丰富作品颜色

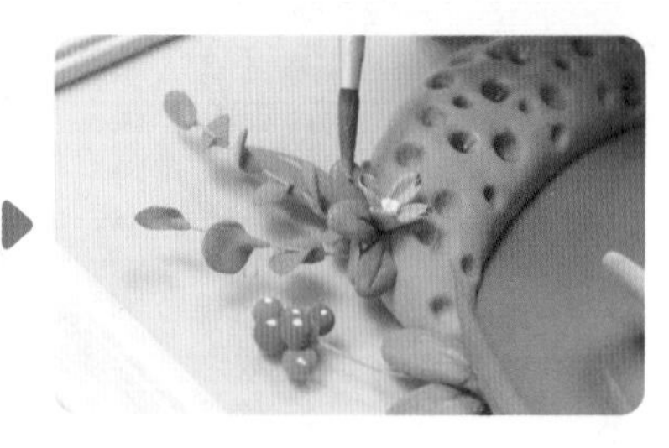

❶ 给花朵上色，在果子上画上白色小点点。

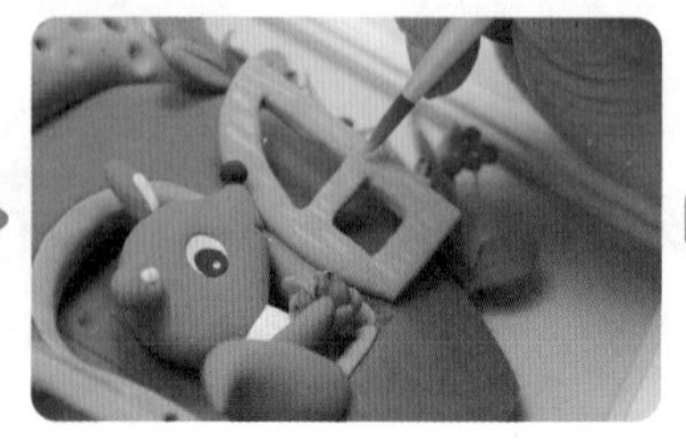

❷ 给绿草上色，在窗户上画一些纹路。

课后想一想

这节课，我们给松鼠建造了一座漂亮的橡果屋。参照本节课的创作思路，我们可以大胆发挥想象，创作出更多有趣的作品，比如我们将鸟儿的笼子变成一座漂亮的房子，并且将房子设计成茶壶形，在房子周围种上漂亮的花草。鸟儿不用再被关在笼子里，它可以在天空中自由飞翔，在屋顶上引吭高歌，累了就去屋里休息……

第16课 玩耍的小鹿

难易度：★★★★ 建议时间：80分钟

一只可爱的梅花鹿独自坐在树桩上玩耍，树桩上长出了可爱的小蘑菇和青青的绿草……同学们，你是不是也想像小鹿一样，去郊外玩耍呢？

升级你的作品

想象有一只小鹿，躺在幽静的森林里，它注视着前方，好像在等待家人的归来。创作时，继续打开我们的脑洞，把小鹿想象成一个可爱的孩子，她正在公园里的凳子上玩耍，凳子是一个干枯的树桩，上面长满了青草和蘑菇……

动手做一做

• 学习目标

1. 了解动物拟人的创作方法。
2. 掌握各种工具的使用方法。
3. 学习仿真树木的制作方法。
4. 学会微小场景的设计和布置方法。

材料准备

黏土、压痕工具、七本针、擀棒、剪刀

制作小鹿的头

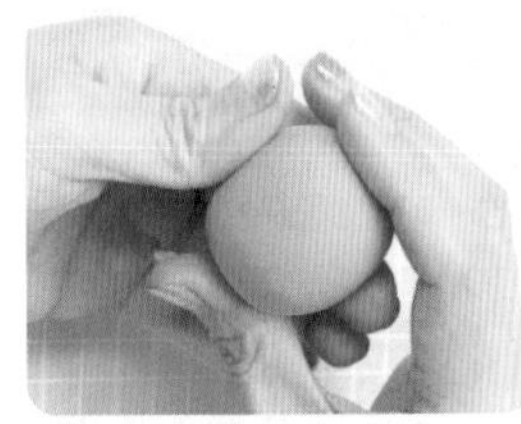
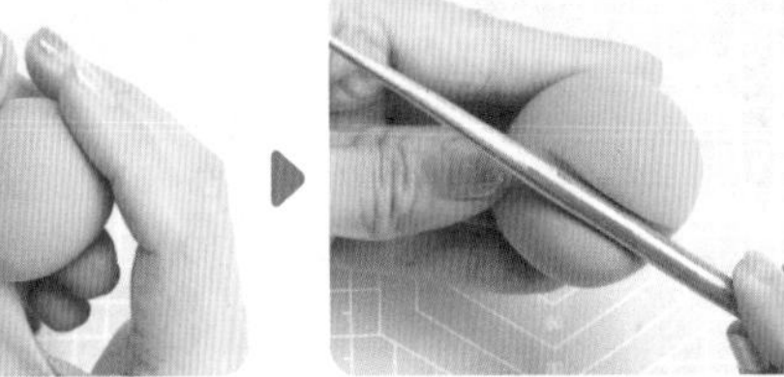
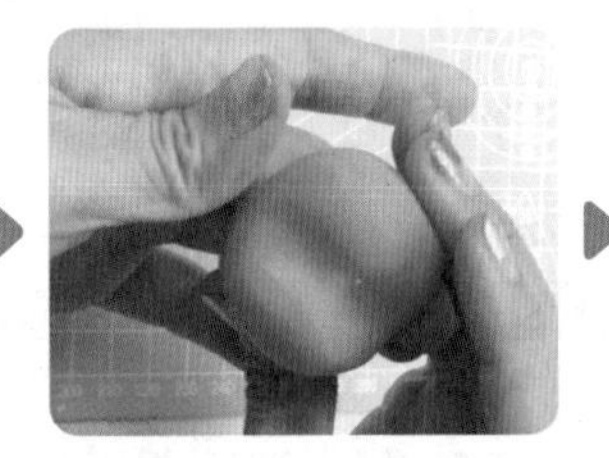
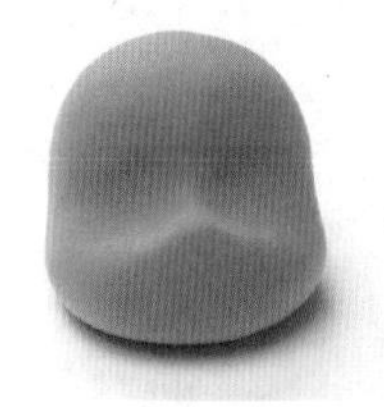

❶ 捏出脑袋的外形。

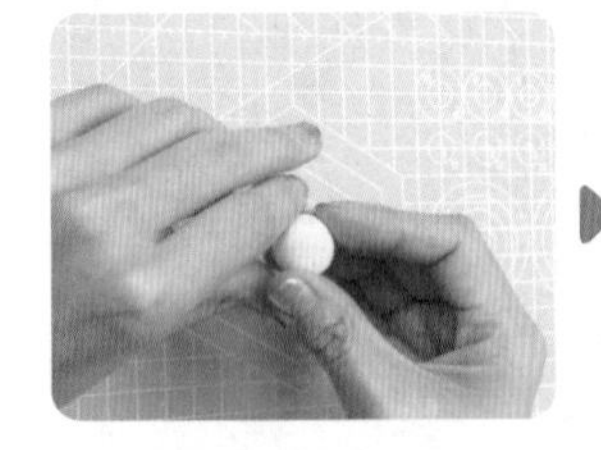
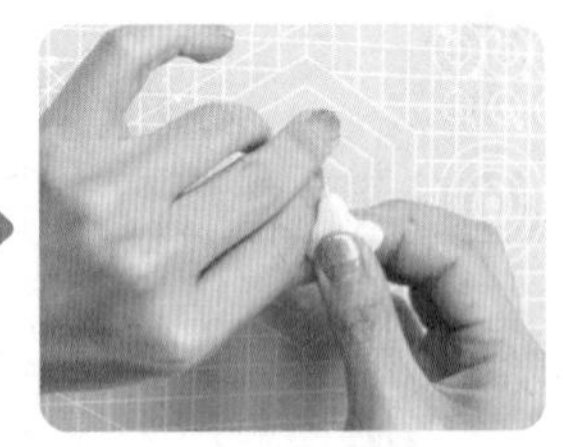
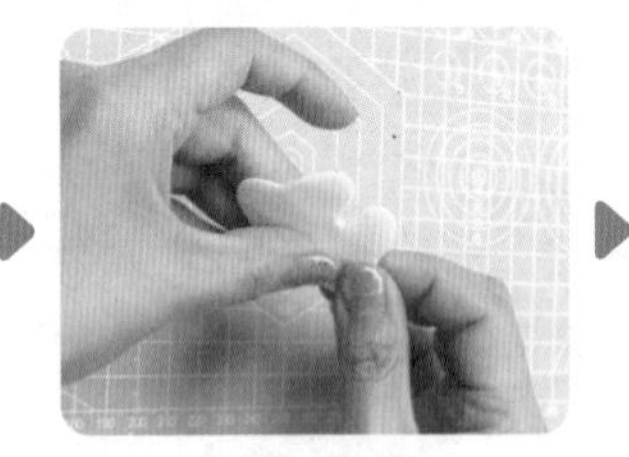

❷ 将黏土薄片覆盖到脸上。

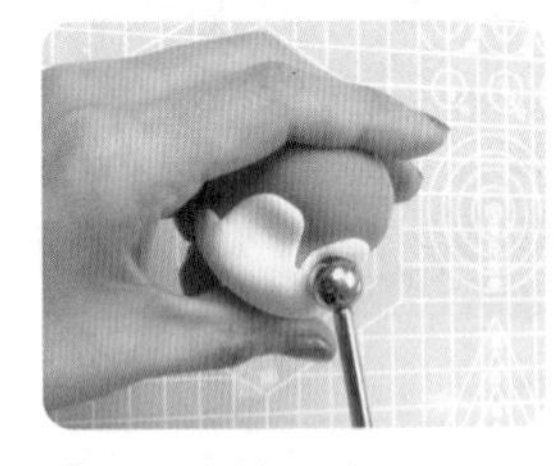

❸ 凹陷的眼窝。

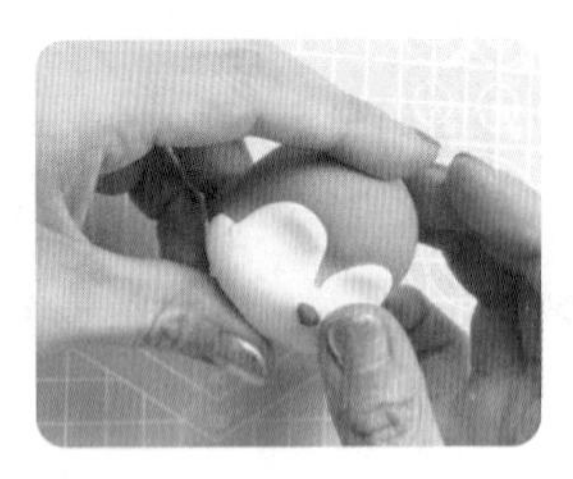

❹ 圆圆的鼻头。

❺ 划出小嘴巴。

❻ 红红的舌头。

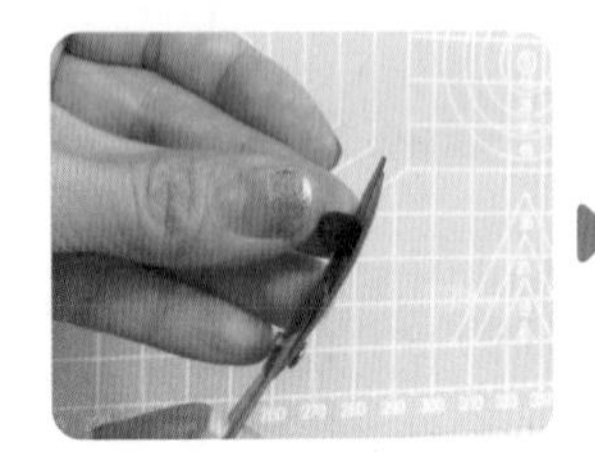
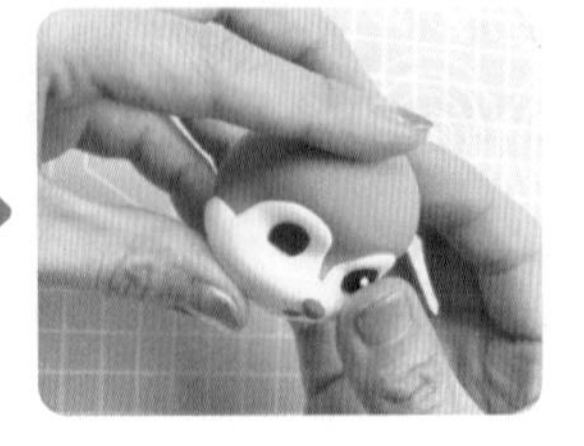

❼ 圆圆的黑眼珠。

❽ 画上眼睫毛和腮红。

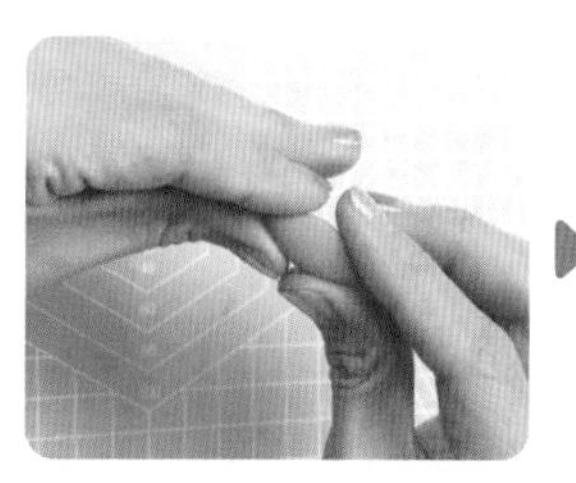
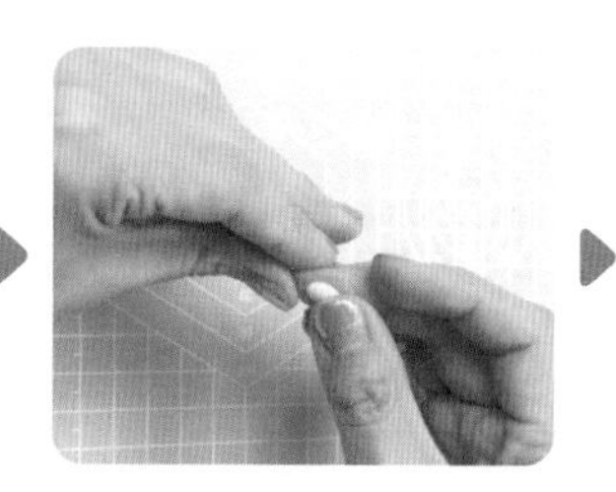
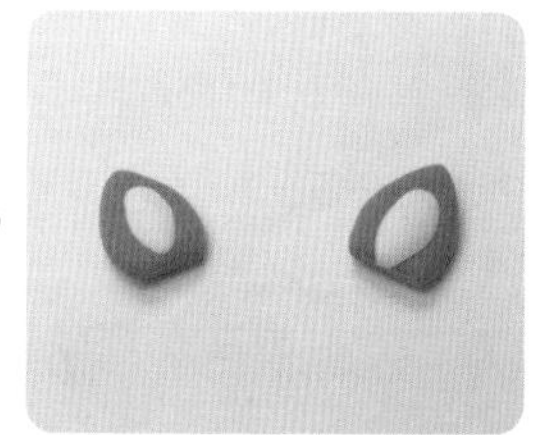

❾ 两只尖尖的耳朵。

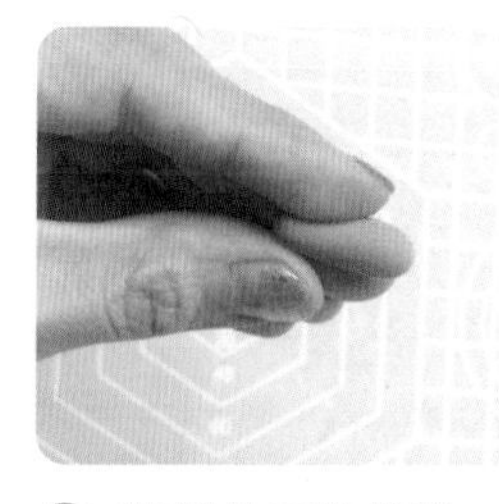
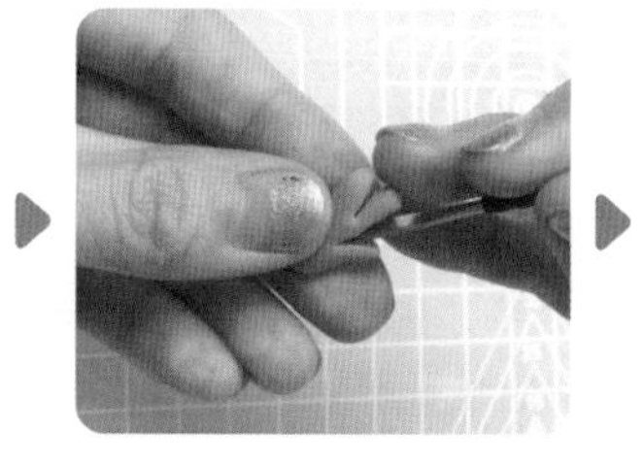
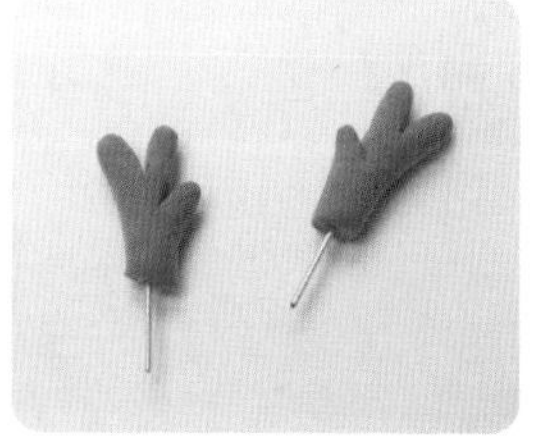

❿ 两只分叉的鹿角。

⓫ 将耳朵和鹿角安装好。

制作小鹿的身体

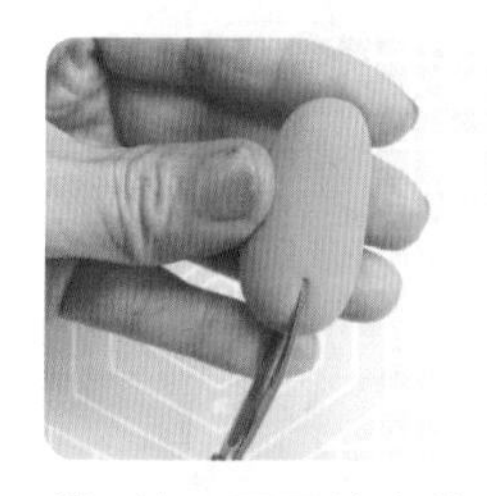

❶ 剪开圆圆的身体。

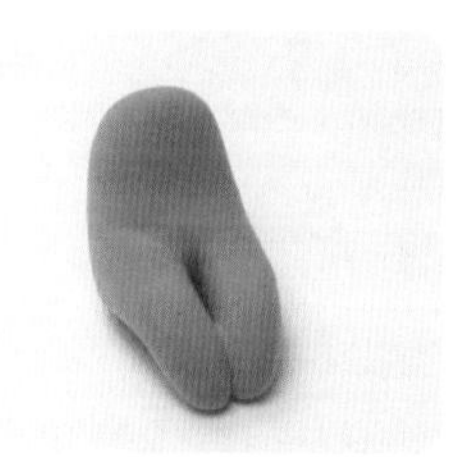

❷ 捏出两条小腿。

❸ 贴上黏土片。

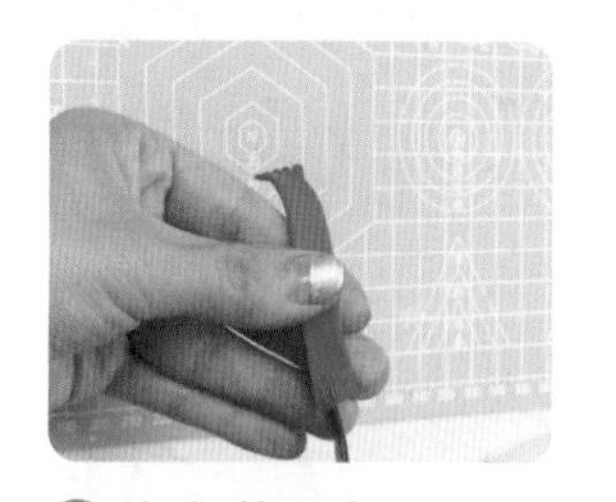

❹ 红红的围巾。

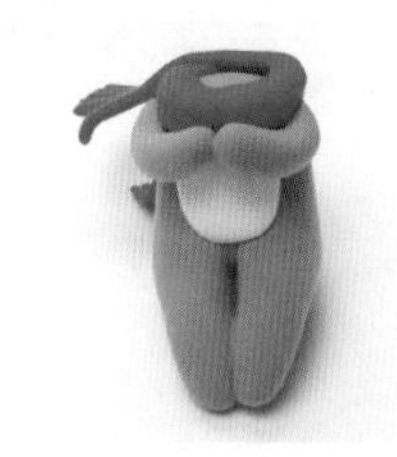

❺ 弯曲的小手。

❻ 白色的斑点。

制作树桩

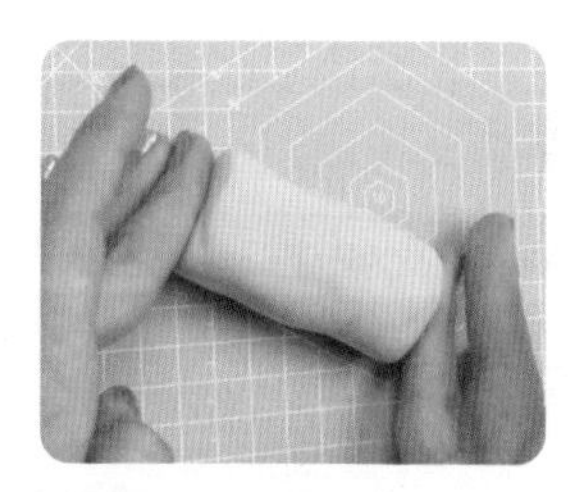

❶ 圆圆的树干。

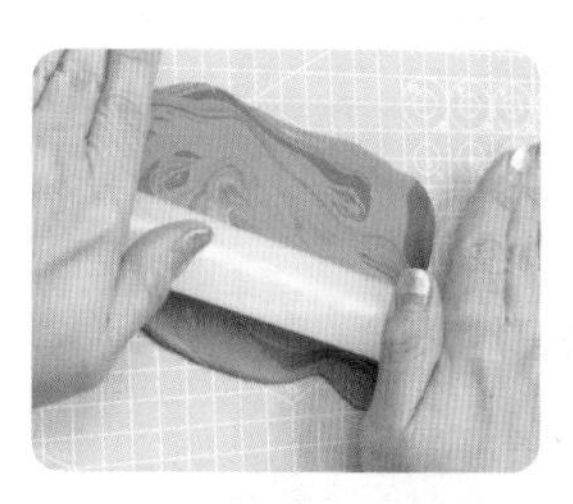

❷ 压黏土片。

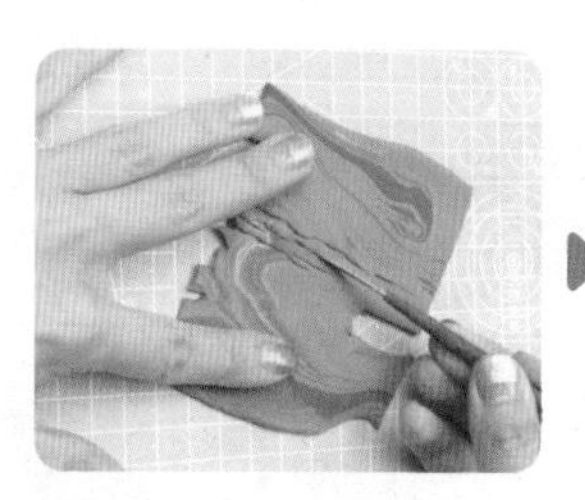

❸ 刻出树皮条纹。

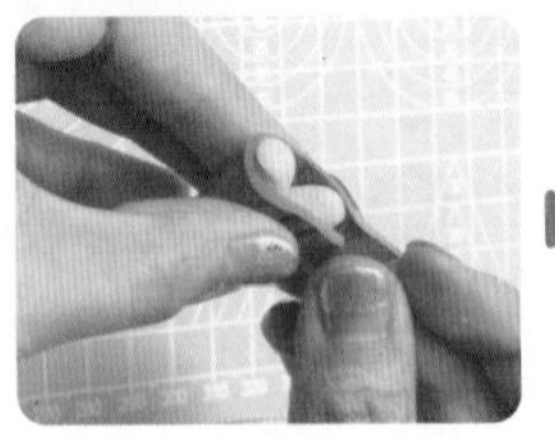
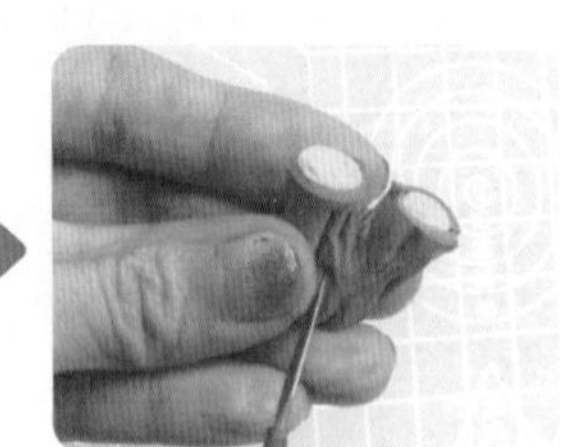
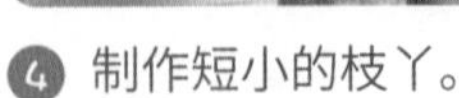

❹ 制作短小的枝丫。

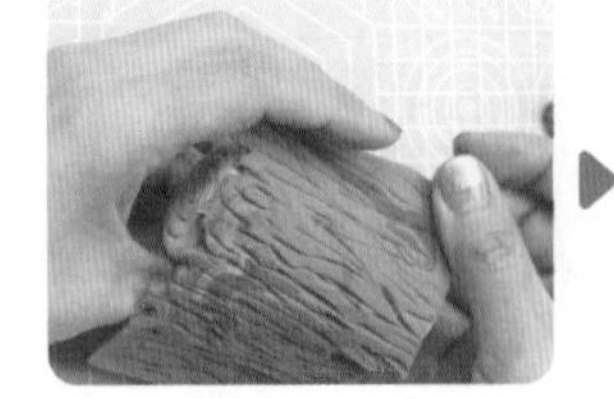

❺ 用树皮裹住树干。

小鹿在树桩上玩耍

❶ 将小鹿身体和头连接起来，固定在树桩上。

❷ 添加一些绿草。

❸ 树桩上长出了可爱的蘑菇。

课后想一想

同学们，这节课我们用动物拟人的方式制作了一只可爱的小鹿。想一想，我们还能将这只小鹿做成其他不同的形象吗？比如，在读书的小鹿，在唱歌的小鹿……你想让它做什么都可以。

当然，我们还可以将其他动物做成拟人的效果，比如左图这只小羊，它正躺在草地上看天空呢！你也可以试一试，创作一只可爱的小羊哦！